大地の歩き方

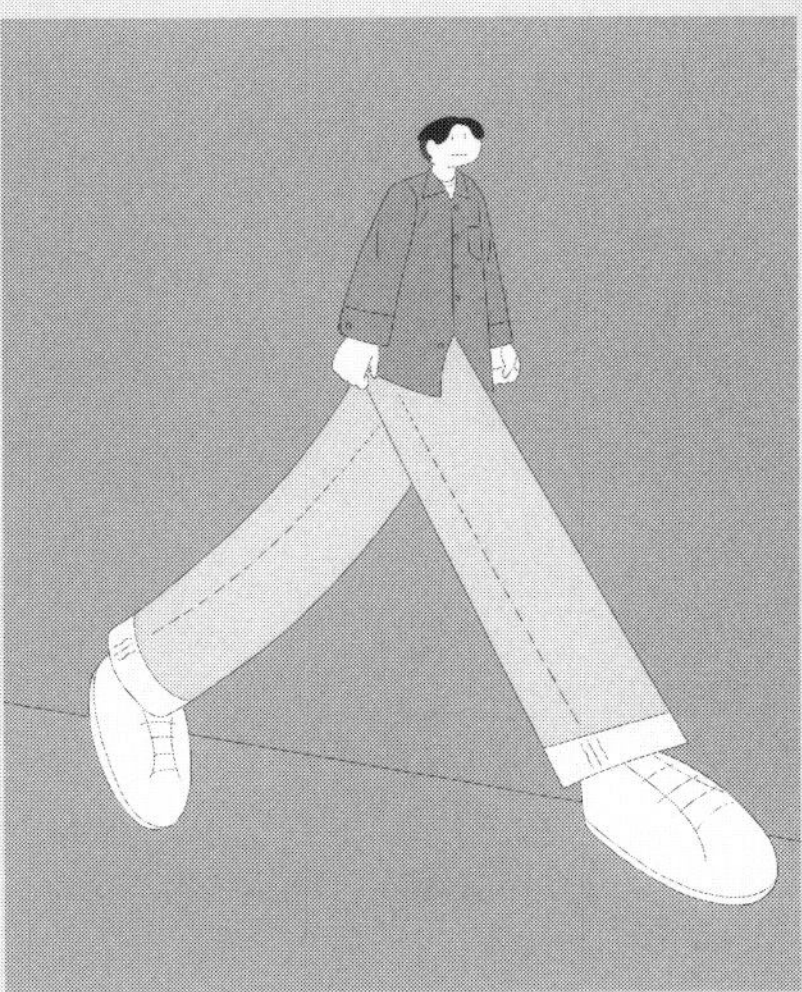

坂本東生《さかもと・あずまお》

社会を読み解く地図のちから

西田書店

はじめに

私は幼い頃から地図を眺めるのが好きだった。

まだ訪れたことのない場所でも、風景や建物やそこで暮らす人々など、地図を見るだけでいろんな想像が勝手に膨《ふく》らんでたまらなくワクワクする。

やがて成長するにつれて、それまで眺めているだけだった地図の上を、自分の足で歩けるようになり、世界というものを肌で感じる素晴らしさを知った。

日本の高校を卒業した18歳から26歳までの8年間――トルコ共和国イスタンブルと英国マンチェスターにてそれぞれ４年ずつ――私は現地の大学に通いながら、機会を見つけてはさまざまな土地を歩いて回り、そこでしか吸えない空気に触れた。股旅よろしく風の吹くまま気の向くままに。

旅先で街歩きを楽しむためには、ちょっとしたコツがある。

まず最初に観光案内所へ行き、無料で配られている街の地図を手に入れる。そして宿に入り、ベッドに寝転がって、もらってきた地図をひたすら眺めて頭に叩き込む。そうやって地理感覚をある程度養ってから、翌日、颯爽と街へ出る。

もちろん地図は持たない。

あくまで地元の人間のフリをして歩くのだ。

イスタンブルでもマンチェスターでも、私は日本人だと思われることが少なく、ほかの都市でも「お前は何人だ？」とよく訊かれるので、地図を持って歩かなければ、たいてい旅行者には見られない。あまりに現地に溶け込みすぎて、通りすがりの人に道を尋ねられることもあった。

そんなふうに眺めた地図の上を実際に歩いてみると、その街の輪郭みたいなものがだんだん浮かび上がってくる。そういう感覚を自然と身につけることができたのは、私にとって大きな収穫だった。

この世界には、さまざまな人々の営みがある。

歴史、文化、思想……。地域によって使われる言語が違うし、食べるものも違う。波立つ海や見上げる空の色だって多種多彩だ。

イスラムのモスクで顔に深い皺《しわ》を刻んだ老人が熱心に祈りを捧げていたり、欧州の酒場で腕にタトゥーを彫った若者がサッカー中継に熱狂していたり。それを目にする私自身のオリジンも加わると、あらゆる価値観が幾重もの層になって堆積し、もはや何ひとつ分かち合えないのではという気さえしてくる。

しかし一方で、まったく異なる環境で生まれ育ったにもかかわらず、我々日本人とどこかしら似たような感性を持っていて、喜びや悲しみを享受する人たちにも、私はたくさん出会った。

異なる部分と、共通する部分。

街の輪郭と同じように、人間の多様な価値観を地図によって浮かび上がらせたい。その想いが、やがて私を政治の道へ進ませるきっかけの一つになった。


たとえば、目の前に山がそびえているとする。

その山を右から登る人もいれば、左から登る人もいるだろう。

どちらが正しいのか。

その答えは、どちらも正しいのだと思う。ただアプローチが違うだけで、目指すべき山の頂上は同じなのだから。


８年間にわたる遊学で、私が肌で感じた多様な価値観。

それをひと目でわかりやすく表すのに最適なツールこそが、私にとっては地図である。

医師が患者の状態を把握するときにカルテを用いるように、私は物事を判断する上で地図を活用するのだ。


異なるものと共通するものをレイヤー化すること。

右から登ろうと左から登ろうと、どちらも正しく、目指す先が同じであるならば、お互いの正義をただ主張して争うよりも、双方が合致できるポイントに目を向けて、そこから歩きだすほうが、はるかに早く頂上へたどり着けるだろう。

もっと街を良くしたい、暮らしを良くしたい。

政治の果たすべき役割について考えるとき、多様な価値観をレイヤー化した地図があれば、それまで何となくやってきたことが、はっきりと目に見える形であらわされて、必要な地域に具体的な施策を講じることができる。

何となくを「見える化」する。

大学院時代に私が取り組んだテーマである。

はるか遠い異国の地で、さまざまな人々の息遣いに触れ、その中で理解できたこと理解できなかったこと、答えの出ない疑問、たくさんの後悔……。

それらを丸ごと抱えて日本に戻ったとき、ツールとしての地図がもたらしてくれる無限の可能性に気づけたことが、その後の私の人生を決定づけるきっかけとなった。

人の心は目に見えない。

だからこそ、地図を活用して見える化する。

これは政治に限ったことではなく、あらゆる職業や立場においても共通して言える極めて有用なアプローチ法ではないだろうか。

本書は、まさしく地図を眺めるような感覚で、これまで私が歩んできた道のりや、その過程で得られた「思考」をわかりやすく解説していく。

まず第1部（1～3章）では、なぜ私が地図、そして地勢（地形や地質、気候、環境変化など土地のありさまのこと）に興味を持ったのか、その出発点と、地図や地勢というデータ情報から、国土とそこで生活を営む人々の暮らし＝リアルな情報へと関心が広がっていった経緯をお伝えする。

人からよく「ユニーク」と言われる私が生まれ育った環境や、トルコ・イスタンブル、英国・マンチェスターでの海外留学経験などが大きな影響を与えているのだが、執筆にあたり記憶を呼び戻していくと、今こうして平和に暮らしていることが普通ではないのだな……と実感するエピソードも多々ある。

続く第2部（4～5章）は、私の人生において大きな軸となっている「ツールとしての地図」に引き合わせてくれた、今は亡き黒川和美法政大学大学院教授との出会い、黒川ゼミでの学びで得た「四つの思考」についてお話しする。

この「四つの思考」は、私が学んだ地理情報科学の分野だけではなく、日常生活やビジネスシーンでの課題・問題の発見や解決にも活用できる物事の捉え方。

私自身が体験してきたことだが、いつもとは違う〝モノの見方〟をすることで実に多くのことが浮かび上がり、さまざまな気づきがもたらされる。皆さんの生活においても十分に役立てていただけると思う。

そして第3部（6～7章）では、「四つの思考」を用いて少し先の未来像を描いていく。2007年から板橋区議会議員として取り組んできた施策などを交えながら、暮らしを安全に、より豊かにしていくために「地図」「地勢」つまりは「国土」をどう活かしていくのか、未来の姿を叶える政策についてお話しする。

1部と2部に比べるといくらか堅い内容になるが、国土を軸とする物事の捉え方に可能性を感じていただけるのではないだろうか。

「地図」と聞くと、行き先や目的地を示す際、道案内に利活用するものと捉える方がほとんどだと思う。

では、「地政学」と聞いたら何をイメージするだろう。

一般に地政学とは地形や気候といった地勢の観点を踏まえて、世界の国や地域の背景を知り、相互理解を目指す学問、国際関係学を指す。私が海外生活の中で覚えた違和感を見える化する鍵は、偶然にも幼い頃から興味を引かれていた地図にあったのだ。

けれども一方で、それだけでは見える化が難しい部分がある。国や地域で実際に生活を営む人々の暮らしの姿だ。大きな一つの「国」という単位で物事を捉えたとして、同じ年齢、同じ家族構成であっても住む地域（エリア）の環境によって生活は異なる。地方政治を担う者として、重要視すべきはむしろこの部分であろう。

そこで私は、地域の地勢、歴史などを利用する地図情報科学をベースに行政の在り方を捉える「地勢学」という考え方にたどり着いた。

そして、地図情報科学で用いられる思考やスキルは、政治だけでなく日常生活のさまざまな場面で活用することができる。

ぜひ皆さんが抱える課題や疑問の解決に役立てていただけたら嬉しく思う。

目次

1　地図を歩く

第1章　興味の入り口

命の実り

千葉県東庄町にある東大社。

古い歴史を持つ由緒正しいこの神社は、母方の祖父の地元だったことから縁が深く、実は私の名前の由来にもなった。お参りすると子宝に恵まれるとの言い伝えがあり、祖父の助言で両親が訪れたところ私が誕生した。

だから私の名前は、東に生まれると書いて「東生（あずまお）」という。


その東大社にちなんだ橘《たちばな》の木が自宅にある。

『古事記』や『日本書紀』にも登場する、日本固有の常緑樹を庭に植えたのは、私が26歳のとき、イスタンブルとマンチェスターからようやく日本に戻った直後だった。無事に帰国できた報告と御礼をかねて祖父と東大社に参拝し、その際に神社の境内にあった橘の実《み》生《しょう》を譲り受けたのだ。

貴重な実の中には、種が三つ入っていた。
そのうち発芽したのは二つ、そしてたった一つだけ何とか枯れずに残ってくれて、13年が経ち、初めて花を咲かせて小さな黄色い実が成った。
橘を種から育てるのは至難の業だという。しかし、今では我が家の御神木として、たくさんの実がつき、柑橘の芳しい香りを漂わせている。

「それにしても、よく生き残ったものだな……」

これは橘のことだけではない。
異国の地でテロや大地震に遭遇して、「死」というものを意識せざるを得なかった、当時の私自身の心境を重ねての率直な表現である。

イスタンブルでは、とにかく全力で生きようとしなければ、生きられなかった。マンチェスターでは、貧困による憎悪と差別が渦巻き、常に危険と隣り合わせだった。それをくぐり抜けて日本に戻った私は、さて何をするべきだろう。

「……よし、自分勝手に生きるのはもう終わりだ。これからは生かしてもらった命で故郷に恩返しするぞ」

手を合わせながら、自然と胸の内から溢れてきた言葉。

それが、私が政治を志したきっかけである。

青空に向かって立つ橘のごとく、輝ける命を実らせること。

自文化と異文化への関心

子供の頃からずっと、いつか留学したいと思っていた。

エジプトのピラミッドやロンドンの赤い2階建てバスをテレビで見たり、アレクサンドロス大王やペルシア帝国の壮大な歴史物語を聞くたびに、ワクワクを抑えきれず、世界地図を広げて妄想に耽《ふけ》る。

青々とした葉を茂らせる、自宅で育つ橘の木

種を譲り受けた東大社の橘

なぜそれほど海外に憧れていたのか。

考えられるとすれば、日本と世界の歴史や小説が好きな母親の影響だろう。

かつて母親自身も留学を望んでいたが、22歳の若さで結婚して家庭に入ったために実現できなかったという。その想いを私が引き継ぐ形となったわけだ。

ただ私は、日本が嫌いで飛び出したかったのではない。

「里神楽《さとかぐら》」という郷土芸能で獅子舞を担ったり、「美《み》剣体道《つるぎたいどう》」という古武道を習ったり、将来の夢が「刀鍛《かたな か》治《じ》」になることだったり。

むしろ日本の伝統に根ざした少年時代を過ごしていたといえる。

地元、板橋区成増の郷土芸能「里神楽」

ちなみに、母方の祖父は神職を司っていた。

日本全国の神社を渡り歩いて祭祀《さいし》を執りおこないながら、自然界に宿る八百万《やおよろず》の神々への信仰を中核とした神道《しんとう》の研究者や修行者に講演する。いわば指導者的な存在が祖父だった。

「迷いと悟りは背中合わせ。私にもそんな苦労があったかねと思えば、どんなことでも乗り越えられるよ」

祖父の言葉を受けて、私はいつも努めてノホホンと生きるようにしてきた。おかげで日本でも海外でも、苦しくて逃げ出したくなる状況に追い込まれたとき、どれだけ救われたことか。

こうして日本古来の文化が身近に溢れる環境で育ち、そこに自らのオリジンを確かに感じながら、海外への憧れを募らせていった幼少時代だった。

強烈な異質さ

中学3年生のとき、私は初めてイスラム世界に出会った。

エジプト・トルコへの家族旅行。留学の下見をするつもりなどなかったのだが、たまたま訪れたイスラム圏での体験があまりにも刺激的すぎて、私の青年期における人生の方向性を大きく決めることになる。

旅程で楽しみだったのは何といってもピラミッド。

テレビの画面越しではなく、実際に自分の目で見てみたいと幼い頃から思い続け、それがもうすぐ叶うのだ。成田からの長いフライト中、私は例のごとく地図を広げてドキドキワクワクしながら妄想を膨らませていた。

エジプトのカイロ空港に到着したのは夜だった。

そこで生まれて初めて「異質な空気」というものを肌に感じる。

日本の場合、例えるならベビーパウダーのような、どこか人を優しく包む柔らかな静けさが空気の質感として含まれていると思う。

しかし、カイロの場合は全然違う。

夜の気温はそれほど高くないのにもかかわらず、もわっとした空気が絡みついてきて、まるで人の熱と歴史が溢れて乾いた砂とともに押し寄せるような、ザラザラした賑やかな質感なのだ。

今まで触れたことのない強烈な異質さに、私は心が躍《おど》った。

初めて見るエジプト人は肌が褐色で、案内表示のアラビア文字は奇妙な絵のよう。空港の設備は日本だと考えられないほど古いし綺麗《きれい》でもない。おまけに埃《ほこり》っぽくて、目にも喉《のど》にも悪そうである。

それでも私は、この場所にたどり着けたことが新鮮で、嬉しくてたまらなかった。眺めていた地図の上に、やっと自分の足で立つことができたから。

はやる気持ちを抑えながら、空港を出て、市内へ向かうバスに乗る。
車窓から見える大きな椰子《やし》の木と砂色の建物。異国情緒たっぷりの景色に感動して目を奪われていると、そこへ悠々と流れるナイル川が出現する。
まさにアラビアンナイトそのままの世界だ。

「ホテルへ向かっているだけなのに、もう観光気分に浸《ひた》れるなんて……」

そして訪れた念願のピラミッド。
古代の神秘に圧倒された私が、すっかり異国の虜《とりこ》になったのは言うまでもない。しかし、私の心を最も捉えたのは、歴史的建造物というより、人や街や暮らしが放つ強烈な異質さだったのではないか。

その疑問を確かめるべく、次なる目的地トルコのイスタンブルへ飛んだ。

どこか懐かしい

イスタンブルに到着したのも夜だった。

空港に降り立った瞬間、またしても「異質な空気」が押し寄せて……と思いきや、カイロの場合と何か違う。もちろん異質ではあるのだが、ザラザラした砂ではなく、温かな水のような質感というべきか。

ふと案内表示に目をやる。

そこで私は、あることに気づいた。てっきりアラビア文字だと思い込んでいたが、なんとアルファベットに近い文字だったのだ。

これは後から調べたことだが、イスタンブルは、緯度が日本の青森あたりで、かなり北に位置する。街の真ん中がボスフォラス海峡で、北は黒海、南はマルマラ海とエーゲ海、東西をアジア大陸、欧州バルカン半島に囲まれ、四季に富み、東京よりも冬寒く夏暑い、海と緑の古都である。

つまり、アラビアンナイトの世界とは趣《おもむき》が違っているのだ。


カイロ同様、はやる気持ちを抑えながら空港を出て、バスに乗り市内へ。

ホテルへ向かう途中の車窓から見た景色は、思わずため息が出るほど美しかった。海に浮かぶ船の明かりと、陸に並び照らされたモスクの尖塔群。それを夜霧が包み、何とも幻想的な雰囲気を醸している。


イスタンブルに滞在してみて私が感じたこと。

「異質なのに、どこか懐《なつ》かしい」

建築物や街の雰囲気は違えど、どこか懐かしさを覚えるトルコの街並み

あくまで私の主観だが、エジプトという土地の持つ強烈な異質さには、ある意味で独特すぎるがゆえに他者の侵入を拒むような固い殻が存在する。

しかし、トルコには殻がない。

もちろんエジプトのように、日本とはかけ離れた「異質さ」は確かにあるのだが、それと同時に何となく日本人と近しい同郷の匂いや風の薫り、さらに憐《あわ》れみといった柔らかな情念が存在するのだ。

この土地のことをもっと知りたい。

地図には表せない、人や街や暮らしの中に溶け込んでみたい。

家族旅行を終えて帰国したとき、私はイスタンブルに留学すると決意していた。

旅立ちのとき

日本での高校生活。私は相変わらず地図を眺めては、卒業後に渡るつもりでいるイスタンブルへ想いを馳《は》せていた。

友人はみんな理解できないと言った。

何しろ私は英語が苦手で、テストも赤点ばかりだったから。

それでも私の決意は揺るがなかった。

将来イスラムを知っておくこと、英語だけでなくほかの言語や文化に触れること、日本を含めた先進諸国では得られない経験を積むこと。

ましてや先人がほとんどいないような道なのだから、そこを私自身の足で歩くのは楽しみでたまらない。

当然ながら両親は、さぞ驚いたことだろう。

いくら日本では得難い貴重な経験を積めるとはいえ、何もかも違うイスラム世界で、こんな世間知らずの子供が生きていけるのだろうかと相当不安だったに違いないが、最終的には快く送り出してくれた。

１度訪れただけですっかり魅了されたイスタンブル

あの家族旅行で、私が感じた強烈な異質さと不思議な懐かしさ。それに共感して、私の意向を尊重してくれた両親には今でも感謝しかない。

「イスタンブルに留学するよ」

「ああ、行っておいで」

あっさり祖父にも背中を押されて、私は留学準備に取りかかった。

とりあえず現地の大学受験と、それまでの語学学校の手配、あと簡単な挨拶程度のトルコ語を勉強しておく。

そもそも日本人で、イスタンブルに留学を希望する若者は少なく、日本の大学に在籍している研究者が派遣されてきたり、交換留学生だったりなどの例はあっても、高校を卒業していきなり留学するのは前代未聞らしい。

受験に関する情報も、当時はインターネットが普及していないため調べようもなく、困り果てて現地の大学に直接問い合わせてみると、どうやって入学させればいいかわからないという冗談みたいな返答だった。

それでも、簡単に諦《あきら》めるわけにはいかない。

大使館に連絡して相談に乗ってもらい、どうにかこうにか受験する目処がついて、１９９７年春、私は再びイスタンブルへ向けて旅立ったのである。

1 地図を歩く

第2章　国土への関心 ~トルコ留学

神のみぞ知る

アジアとヨーロッパの分岐点として有名なボスフォラス海峡。最狭間隔700メートル、全長約30キロメートルと南北に細長く伸びるこの海峡は、クリミア半島のある黒海からマルマラ海、エーゲ海、地中海へと結んでいくための、地政学的にも人類史的にも重要な場所だ。

そんな文明の交差点で、私は釣り糸を垂れていた。

日本でもおなじみのアジやイワシやカサゴのほかに、なんとイルカまで泳いでいて、地元の人たちに紛《まぎ》れて私もよく釣果《ちょうか》のアジフライをつまみにビールを飲んでいたものだ。ちなみに、私がひと晩で釣ったカサゴ35匹の海峡記録は未だ破られていないと勝手に信じている。

「10代の勢い」だけで日本を旅立った。

そして、意気揚々と乗り込んだトルコ共和国イスタンブル。

大学受験がおこなわれる6月までの期間は、語学学校に通いながら現地の生活に慣れようと考えていたのだが、あらかじめ住むところも決めておらず、おまけに入試の手配を助けてくれる人もいない。それで呑気に暮らしていけるほど18歳の海外単身生活は甘くなかった。

とにかく必要なのは、自己主張。

イスタンブルでは電気や水道が頻繁に止まり、そのまま大人しく黙っていたら、いつまで経っても復旧しない。だから大声を張り上げて、あちこちに文句を言わなければならない。つまり、何か問題が発生したとき、それに対して自分でアクションを起こ

もともと好きだった釣りをトルコでも楽しんだ

さない限り解決されないのだ。

日本では〝当たり前〟のことがまるで通用しない。

おかげで私は、「言葉の通じない人」と交渉する術を覚え、日本人が苦手な自己主張や、ある種の図太さを身につけることができた。


東京での生活では考えられなかったさまざまな生活対応力を求められる中、受験を経て、私が入学したのは、ボアジチ大学英文学部だった。

トルコ国内はもとより周辺の中近東・アジア諸国でも屈指の名門校で、周りにいた同級生はみんな英語、フランス語、ドイツ語、トルコ語を当然のように話す。そうした環境下で私は授業についていけなかった。


たとえば、シェイクスピアについての講義を受けるとき。

ドイツ人の先生が英語で教える内容が理解できず、辞書で調べてもよくわからないので近くにいる同級生に助けを求めて訊いてみると、トルコ語で答えが返ってくるのだ。私の混乱はますます深まるばかり……。

トルコ語で『インシャッラー』という言葉がある。

辞書には「神のご加護があれば、神のご縁が頂けたなら」などと記されているが、「運が良ければ」もしくは良い意味での「テキトウ」のほうが実際のニュアンスに近い。

それがトルコという国で生きる上での基本スタンスであり、少なくとも私のいた25年前はこの適当さによって社会が成り立っていた。だから役所や大学の事務手続きにおいて、提出期限や内容にミスがあったとしても、ある程度までなら許されてしまうのだ。

進級テストの成績も、たまに運が良いと融通が利く。

私は２年連続で留年の危機を迎えたが、国の恩赦で全員進級という幸運に恵まれた。何ともありがたい慣習である。

ただし、適当さが災いする場合も多々あって、大学側の通知が漏《も》れていたり、絶対に申請しなくてはいけない役所などの書類が届かない、なんてこともあるので、こちらも臨機応変に対処せざるを得ない。

学生の中には、しっかり何度も確認して事務手続きをおこなったにもかかわらず、落第や退学になった例もあるらしい。

それも「神のみぞ知る」人生だからなのであろうか。

相手に飲み込まれる

トルコで暮らし始めた当初、文化や生活習慣の相違に戸惑うことばかりだったし、なかなか受け入れられないと感じることもあったのだが、そのうち日本との共通性が見えてくるようになった。


たとえば、言葉の使い方。

以前はウラル・アルタイ語族といわれ同分類とされていたこともあったが、トルコ語と日本語は明らかに異なる言語だ。それでも「TEPPE＝てっぺん」という単語や、後置詞「de＝～で」が同じだったりする。

さらに興味深いのは、日常生活の中で使う日本語の語順や言い回しが、そのままトルコ語でも通じる場合があることだ。相手との会話でどう伝えればいいかわからないときに日本語の言い回しで話すと、不思議と通じてしまうことがある。

歴史も人種も食文化もまったく違う日本とトルコ。

１万キロも離れた両国で、なぜこんな共通性があるのだろう。

ほかにもよく似ているのは教育システム。

私が当時住んでいたアパートのそばには小学校があって、部屋から校庭が見渡せた。そこで毎朝、子供たちが揃《そろ》って朝礼をおこない、大きな声で唱和する。

「アタトゥルクは素晴らしい！」

「トルコ人といえることは、なんて幸せなんだ！」

アタトゥルクとは、トルコ共和国建国の父と呼ばれる人物である。

どうやら彼は日本の明治政府を参考にして、教育システムの土台を作ったらしい。

子供たちの元気な声で幾度となく叩《たた》き起こされた私は、朝礼の様子を窓から眺めて、懐かしく、ふと微笑ましい気持ちになったものだ。

日本とトルコの異なる部分と、共通する部分。

家族旅行で訪れたときの、あの強烈な違和感に惹かれて留学を果たしたトルコで、意外なほどの共通項の多さを見いだし、不思議な感覚に襲われた。

「はじめに」で述べた「山登り」の発想は、こうしたトルコでの体験から生まれた。右から登っても左から登っても目指すべき頂上は同じ。だからこそ多様な価値観を重ねて共存させる＝レイヤー化した道標が必要になる。

その考えが私の中で少しずつ育っていくにつれて、遠い異国の地を歩いていても、肩の力が抜け、足取りがいくらか軽くなったような気がする。

自分の理解を超えた相手と接するときには、最終的に合流する山の頂上へのルートを思い浮かべればいいのだ。

相手をねじ伏せてはいけない。
自分がねじ伏せられてもいけない。
相手を無理やり飲み込もうとせず、
自分が飲み込まれることで相手の中に入る。

幼い頃から習っていた古武道「美剣体道」にも〝相手の懐に入る〟という概念がある。留学中に、文化交流として現地の合気道道場で共に稽古させてもらう機会があったのだが、腕のように太い手首、鉛《なまり》のように重く硬い背中、理解を超えた力を持つトルコ人であっても、非力な体格の私が投げ飛ばせる道はあるのだと体感した。

５歳の頃から習い始めた美剣体道

混ざり合う正義

「ご油断めさるな」

これは母方の祖母が遺した言葉である。

いつ襲いかかってくるかわからない危険に対して常に気を抜かず備えておくこと。イスタンブルで暮らしているとき、私は毎朝、祖母のこの言葉を頭の中で反芻《はんすう》しながら冷水を浴び、柔軟体操し、木剣を振って鍛錬していた。

そうしていなければ乗り越えられないような、ひどく厳しい現実があったからだ。

トルコ独特の根深い民族紛争。

クルド系の分離主義組織・クルド労働者党（ＰＫＫ）とトルコ政府軍による報復の連鎖と化した武力衝突は、世界中のメディアで大きく取り上げられた。

ある日の午後、大学の授業を終えた私は、キャンパスの学食に入って、トルコ系の友人らとチャイを飲んでいた。

そこでたまたまクルド人の話題になり、友人の一人がこう呟《つぶや》いた。

「クルド人なんか殺してしまえばいい」

思わずはっとさせられた。

私なりに人種問題があるのは理解しているつもりだったが、こんな身近な場所で、しかも仲の良い友人が、そんな恐ろしいことを口にするなんて。

複雑な心境を抱えたまま学食を出て、住んでいたアパートに帰る。そこで私を迎えてくれる管理人はクルド系のおじさんである。友人の言葉を思い返して、何ともいたたまれない気持ちになった。

数日後、たまにはチャイ以外でもと、欧州寄りのカフェでカフェオレを楽しんだのだが、その３日後にこのカフェで爆弾テロが発生し、多くの死傷者が出た。

ほかにも同様のテロはたくさんあった。
役所、旧市街観光地、大使館、警察の詰め所など、実際に私自身も幾度か遭遇して、筆舌に尽くしがたい悲惨な現場を目の当たりにしてきた。

トルコ共和国は「人種のるつぼ」である。

一般的に大きく分けると、トルコ系、アラブ系、スラブ系、地中海系、イラン系など。それぞれ肌や髪や瞳の色がさまざまに混ざり合っていて、特にイスタンブルのような大都市では、褐色の髭《ひげ》もじゃと白肌金髪が幼なじみなんてことも珍しくない。

私が20歳のとき、トルコとイランの国境にあるアララト山へ行った。
NHKの撮影を手伝うアルバイトだったのだが、そこはクルド人たちの居住区で、遊牧民に近い暮らしを営んでいる。一方、我々はトルコ政府の軍隊がところどころ警備で帯同しながら現地入りした。
現地の人々は純朴で、あんなにピュアな印象を与えてくれた子供たちはほかにない。そこで頂いたサラダは、トマト・キュウリ・ニンジン・チーズにレモンとオリーブオイルをかけただけのものだったけれど、未だに人生でもっとも美味しい食べ物である。

日本で放映された番組では、風光明媚な景色とノアの方舟の伝説を美しく伝えている。画面を通して見たら、

「よく似た言語で、こんなにも楽しそうに会話している親戚同士みたいな人たちが、ひとたび何かあると殺し合うなんて信じられない……」

とでも、映っていたのであろうか。

民族それぞれに正義がある。

この頃のテロ行為はトルコ系から見ればクルド系によるテロだし、クルド系からすれば独立を目指す争いであり、第三者の国々からすればトルコの内戦ともいえる。立場が変われば、各々の主張や正義があるのだ。

しかし、だからといって人を殺すことを是として許されるはずはない。

そんなふうに考えるテロリストも中にはいるらしく、あえて誰も傷つけないように真夜

中に事件を起こしたり、大きな音だけ出る爆弾を使ったりする。

「どうか苦しい状況をわかってくれ！」

犯人たちの切実な訴えが聞こえてくるようで、テロはテロとして悪だが、それを単純に非難しているだけでは解決しきれないのだと思い知らされた。

そもそも真の正義とは何か、いったい誰が断を下せるというのだろう。

さまざまな民族で構成されたトルコ共和国の人々。民族同士が激しく対立し、時に殺し合いまでする一方で、サッカーの試合で自国チームが他国に勝てば共に喜び、負ければ共にしょんぼりする。

さまざまなルーツを持つ、学生時代を共に過ごした仲間たち

地図の上に引かれた国境線。

たとえそれが人為的、政治的なものであろうと、一つの国家としてまとめられただけで共通の気質が生まれてくるから不思議である。

国民性を形成するものは、血なのか、それとも土地なのか――。

大地震

１９９９年８月17日午前３時頃だった。

イスタンブルで暮らし始めて２年が経ち、ようやく海外生活に慣れてきた私は、この時期ちょうど大学の夏期講座の最中で、翌日の授業に備え早々に床についていた。そこへトルコ北西部を震源とする大地震が襲ったのである。日本でも報道されたトルコ北西部地震（トルコ・コジャエリ地震）だ。

最初はまだ寝ぼけていた。

ベッドの中で揺れを感じたものの、布団からは出ずにタンスが倒れてこないかだけ確かめて、食器が割れたり物が落ちたりする音も聞こえないし、まあ平気だろうと、そのまま再び眠りに戻ろうとしたが、ふと胸騒ぎを覚えた。

「いや待てよ。ここは日本じゃない、トルコだ。地震なんて滅多に起きない国だよな。本当に平気なのか。トルコの建物は強度に関して信頼がおけるとは到底思えないし、あっさり崩れてしまうんじゃ……」

アパートの上階で大きな物音がして、私はベッドから飛び起きた。

窓を開けて外を見ると、混乱した人々が街中に溢れ、無数の車が列をなしている。停電でヘッドライトの明かりのみの真夜中。クラクションがけたたましく鳴り響き、怒声が飛び交う。地震体験がほとんどない彼らは、みんなパニックに陥《おちい》ってしまい、街から逃げ出そうとしたのだ。

しかし、どこへ逃げるというのだろう。

普段から避難経路を考えてはいないし、もちろん避難場所もない。

災害が発生したとき、みんなが家財道具を車に積み、逃げようとして渋滞になれば、それこそ命取りになりかねない。


この時点で電話回線はまだ生きていたので、繋がらなくなる前に実家に連絡して、無事だから心配しないようにと伝えておいた。

そして周辺の被害状況を確認する。

停電中だが、私のパソコンは充電可能なノート型だったので、インターネットでニュースを拾い、震源地近くの軍隊宿舎が倒壊したことを知った。

「これは想像以上に、深刻な事態なのかもしれない……」

私は水を確保し、部屋の扉を開け、防寒着や懐中電灯や防災グッズ一式を準備して、アパートの外へ出てみることにした。

するとそこにいたのは、右往左往している隣室の住人。何をするべきかわからず、ただ途方に暮れていたので、とりあえず今は車で逃げようとせず、避難道具を揃えて今後の余震に注意することが大切だとアドバイスした。

地震に対する、日本人とトルコ人の違い。

我々が比較的パニックに陥らず冷静に行動できるのは、地震の経験値と防災教育によるものといえるだろう。どんな災害でも、対応の知識と心構えが大事なのであり、それを身をもって感じることができた。

また、日本とは住宅建造物の耐震強度にも違いがあると思う。

当時のトルコは、ほとんどの建物が雑な鉄筋の骨格で、壁は軽いブロックを積み上げ漆《しっ》喰《くい》で固めただけ。1967年以降、マグニチュード7以上の地震が起きたことのない地域（断層）なのだから致し方ないのかもしれない。建設中に見たら、日本人なら絶対住みたくないと感じるはずだ。だから、いざ大地震が起きて、トルコ人が恐怖心に駆られるのも無理はない。

自然の力は強い。時に人間の営みを、いとも簡単に破壊してしまう。では、政治や社会にできる備えとはいったい何なのか。

マグニチュード７・４、死者は約１・８万人、60万人が家を失ったとされる、甚大な被害をもたらしたトルコ北西部地震。

私の胸に刻まれたのは、人々の命や暮らしを守りたいという切なる想いだった。

悠久の時を超えて

イスタンブル郊外にあるテオドシウスの城壁。

５世紀に建てられ、15世紀にオスマントルコ軍がビザンティン帝国を攻略するまで、およそ千年もの間ずっと持ちこたえた城壁だが、あまりに古い歴史遺産であるため、１９９０年代に政府が補修をしたという。

この城壁もトルコ北西部地震によって被災したわけだが、なんと近年補修した部分だけ崩れ、数百年前から残されている部分はビクともしなかった。

しかも、テオドシウスの城壁だけではない。イスタンブルを代表するモスク（イスラム教の礼拝堂）の数々もまったく壊れず、それに対して壊滅的ダメージを受けたのは、地勢を無視して造成された住宅群など、近年の建築物ばかりであった。

歴史遺産から我々が学ぶべきこと。それは、悠久の時が育んできた自然への畏怖《いふ》の念ではないか。

金曜日の午後、大学の授業終わりによく訪れていたスレイマンモスクは、昔からイスタンブルで一番安全な場所だといわれている。もちろん今回の大地震でもビクともせず、それが証明されることになった。

地震や災害でも崩壊することのなかったスレイマンモスク

こんな信じられない話を聞いたことがある。

盛期オスマン帝国の建築家、ミマール・シナンは、スレイマンモスクを設計するとき数百年単位で考えていて、この部分の石灰石は３００年後くらいに弱ってくるだろうからと、あらかじめ予想した箇所に補修のための設計図を忍ばせておき、本当に３００年後に石灰石が壊れて中から彼のメモが見つかったというのだ。

悠久の時を超えて、受け継がれたメッセージ。

そこから人や街や暮らしの未来予想図が描けるのだとしたら――。

ちなみに、かつてスレイマンモスクでは、オスマントルコ最強精鋭軍の採用試験がおこなわれていたそうで、それを窺《うかが》わせるすり減った大理石の足場が今も残っている。私も試験に挑戦してみたが、見事に足がつって入隊は叶わなかった。

街の明かり

トルコ留学の4年間を振り返ってみると、楽しいことばかりでは決してなかった。イスタンブルでの生活になかなかなじめず、受け入れるのが難しい部分もあったし、苦しい経験もたくさん味わった。さらにテロや大地震に遭遇して、人間の生死を否応なく目の当たりにした。

おそらく私は、大きな不安と緊張を抱えて張り詰めすぎていたのだ。

「迷いと悟りは背中合わせ。私にもそんな苦労があったかねと思えば、どんなことでも乗り越えられるよ」

祖父の言葉を思い返すたび、私は意識的に街へ出た。とにかく地図の上を自分の足で歩くことで、不安を振り払おうとした。

ボスフォラス海峡を見渡す高台の公園。

ここに来て景色をぼんやり眺めていると、あらためて自然の美しさと歴史の深さに胸を打たれる。それと同時に、住宅を建てるために削られた大地が、私の目には実に痛ましく映った。なぜもっと自然に寄り添えないのだろう。

トルコでは、政治家が強大な権力を握っている。政府の命令により、数日間テレビ局を放送休止に追い込むこともできたりする。しかしながら、大地震の前には為《な》す術もなく、「おお神よ。あなたは如何《いか》ほどの試練をトルコに与えるのか」と嘆く。

政治の果たすべき役割とはいったい何なのか。

大学から望むボスフォラス海峡

夕暮れ時、海峡の対岸に見えるアパート群の窓に明かりがつき始めた。
そのとき私は、思いがけない衝動に駆られた。

あの明かりひとつひとつに、人々の暮らしがある。
今は何となくしか見えない。
でも、その「何となく」を大事にしたい。
街の明かりの向こうに存在する、人間の営みを知りたい。
すべての暮らしを支えて彩るような政治の在り方を学んでみたい。

そして、私は英国への留学を決断した。
このとき22歳。高校の同級生たちは就職を迎える中で、私なりに思うところもあったが、
新しい街の地図を広げる誘惑には抗えなかった。

1　地図を歩く

第3章　地勢と政治　～英国留学

整然とした社会

イングランド北部にある都市マンチェスター。

２００１年、股旅よろしく風の吹くまま気の向くままに、イスタンブルから移ってきた私は、あまりの感動に思わず叫びそうになった。

「なんて整った社会なんだ！」

『インシャッラー』という言葉が示すとおり、適当さによって社会が成り立っていたトルコとは全然違う。滞在証明や入学申請の事務手続きが当たり前のようになされ、私みたいな留学生でも困ることはない。

「全力で生きようとしなくても、ここでは生きていけるんだ」

道路は美しく舗装され、あらゆるものが整った街並み

成熟した社会の持つ心地よい安定感。

例のごとく私は、マンチェスターの地図を隅々までじっくり眺めてから、いざ街を歩き始めた。

そして、見えてきたものがある。


たとえば行政サービスは、自力で探さなくても、誰かに尋ねたら教えてもらえる。人々の振る舞いやマナーなども申し分ない。しかし、トルコ人のような人懐っこさは見受けられず、どこか素っ気ないのだ。

さらに街歩きから見えてきたのは、整然とした社会の裏側に潜んでいる貧困問題。さまざまな人種が移民として暮らす地域に足を踏み入れると、明らかに治安が悪く、とげとげしい空気を感じざるを得なかった。


ある日のことだ。

友人のアパートを訪ねたとき、サッカースタジアムのそばを通ってきたと話すと、彼は信じられないという表情を浮かべて私に言った。

「お前……一人で来たのか？」
「ああ、そうだよ」
「よく無事だったな。命が惜しいなら二度とするなよ」

街の輪郭というものは、地形や道を記した「地図」という1枚のレイヤーだけでは捉えきれず、やはり実際に歩いてみないとわからない。

私はマンチェスター・メトロポリタン大学に入り、政治学を勉強することにした。トルコ、英国、そして日本を比較して、そこから浮かび上がってくる相違と共通性を照らし合わせることで、どんな新しい発見につながるか。

サッカーとパブ

留学当時、私の友人（のちの妻）が応援していたサッカーのクラブチームは、ロンドンを本拠地とする「アーセナル」だった。しかし、彼女はそれを隠してマンチェスターに本拠を置く「マンチェスター・ユナイテッド」のキオスクでアルバイトをしていた。なぜ隠す必要があったのか、そこには英国を表す背景がある。

英国の文化に触れるとき、サッカーは欠かせない。

会社で仕事をする人が、自分の好きなチームのユニフォームを着て働いていても、それを咎《とが》められることはまずない。日本だとスーツが常識とされる場面であろうと、マンチェスターでは許される。

しかも、1999年のマンチェスター・ユナイテッドのチャンピオンズリーグ優勝や、チームの中心選手であるデヴィッド・ベッカムの爆発的人気もあり、街全体が盛り上がっていた時期だった。ちなみに私は判官贔屓《ほうがんびいき》なのか、当時は弱かったマンチェスター・シティのファンである。

英国サッカーを深く掘り下げると、「カトリック」対「プロテスタント」という宗教の構図が浮き彫りになる。

人々にとってサッカーとは単なるスポーツではなく、信仰に深く根ざした代理戦争ともいうべき闘いなのだ。今はだいぶ緩くなったようだが、宗派は選手の移籍先にも大きく影響している。

そしてもう一つ、英国の文化を象徴するもの——パブ。

サッカーの試合がおこなわれるとき、スタジアムで観戦しないファンの大半は、パブに集まって地ビールを飲みながら観戦するわけだが、パブという言葉は「パブリック（公共）ハウス」が由来になっている。

そして、19世紀に誕生した英国の鉄道。

マンチェスター・ユナイテッドのホームスタジアム

列車の到着を待つ人々が宿泊したりお酒を飲んで待っていた公共の場所こそがパブである。

かつてのパブは、階級社会を反映させて、ブルーカラーの労働者階級と、ホワイトカラーの中流階級とで入り口が分かれており、古い建物には今でもその名残りがある。

また、人が集う場所としての「パブリック」と、従業員が働く場所としての「プライベート」に分けられており、現在のパブリック／プライベートという概念の語源にもなった。つまり、パブは現代の経済学や行政学の起点であり、さまざまな概念を包括したその土地の持つ質感が表れている場所といえるだろう。

私がトルコから英国にやって来たばかりの頃、スコットランドのセルティックとマンチェスター・ユナイテッドのプレシーズンマッチがおこなわれた。

そのとき、たまたま街を歩いていた私に、セルティックの酔っ払ったサポーターが片側3車線道路の反対側からFワード（下品な言葉）を叫びながら食べていたパイをいきなり投げつけてきたことがあって、「なんちゅう国に来てしまったんだ」と頭を抱えたものである。

まあ今となっては笑い話だが、だからこそセルティックで活躍した中村俊輔選手はすごいと思う。

Nature or Nurture?

２００1年9月11日、世界は言葉を失った。

私がはっきり覚えているのは、世界貿易センターに旅客機が突っ込んだ瞬間の映像を目の当たりにして、まったく現実味を感じなかったこと。

大学が夏休みで欧州一人旅に出ていた私は、ちょうど11日にイタリアからマンチェスターに戻った。自宅に荷物を置いてすぐ、近所のケバブ店へ立ち寄ったとき、店内のテレビに映し出されたのはビルに飛行機が突っ込んでいる映像だった。

私はパキスタン人の店員にこう尋ねた。

「あれ、何？」

「……」

「何かの映画？」

「映画なんかじゃない……リアルだよ」


米国で発生した同時多発テロ。

イタリアから英国に戻った日に起こった、テレビに映し出される衝撃的なテロ事件の映像と店員の言葉に私は絶句した。


いったい何が起きているのか最初はよくわからなかったが、報道が進むにつれて、マンチェスターはもちろん英国全体がただならぬ緊張に包まれていった。


5年前の事件が、人々の脳裏によみがえる――。

1996年6月15日、マンチェスターのショッピングセンターで激しい爆発が起きた。

ＩＲＡ（アイルランド共和軍）がトラックの荷台に仕込んだ爆弾によるテロ事件で、北アイルランドをめぐる和平会談が進行する中での惨事だった。

マンチェスターでは、９・11のテロをきっかけにどこか不穏な空気が漂い、ＭＩ５、ＭＩ６といった映画の中だけと思っていた諜報機関名がローカル誌面の見出しに並んだ。おまけに友人の一人が消息不明になった。どうやら彼はアルカイダに関与していたらしいと、別の友人が教えてくれた。

あらゆる紛争の火種となり得る、国家、民族、宗教の存在。そもそも人の想念とは、どのように形成されるものなのだろう。

肌や髪や瞳の色と違って、何を信じるかは生まれつき定められているわけではない。その人の置かれた環境——つまり、どこにいるのか。その育った土地が思想に影響を与えるのだ。

「Nature or Nurture?」

人間の個性を決定するのは血か、それとも土地か。

さまざまな血が混ざり合うトルコでは、宗教間の争いが幾度となく繰り返されながらも、サッカーの試合ひとつで、あたかも地図の上に引かれた国境線を意識するかのように一つにまとまる。この土地＝国土に生まれたという「トルコ共和国国民性」が発揮される。

一方で英国は、旧植民地からの移民問題を根深く抱えつつも様相が異なっている。マンチェスターには「カナルストリート」という世界一大きなゲイビレッジがあり、賑わいを見せている。その隣にはロンドンの次に大きいチャイナタウン、大学の立ち並ぶラッシュホルムの通り沿いにはカレー・ケバブ店街がある。ブルーはブルー、ホワイトはホワイト。溶け合うことなく、それぞれがそれぞれとして存在する。

多様性を一つにまとめることを国家の是とするトルコ。多様性が多様性のままであることを自明とする英国。

それを私自身の目で見てきたからこそ、その土地に適合した政治が必要なのだと、強く感じるようになったのである。

国土・国民・国家

マンチェスターの大学で私が取り組んだのは、17世紀頃にヨーロッパで生まれた「Nation-State（国民国家）」という思想について。

ここでいう国民とは、単一の民族である場合もあるし、トルコのように複数の民族が混ざって構成される場合もある。

国家とは、宗教と密接に結びつき、時代とともに移り変わりながらも連綿と続く、社会の基盤となるシステムである。

では、国土はどうか。

確かに「地政学」という分野はある。

ただ私の知る限り、国土の視点を軸に実際に政治がおこなわれている例はないのではないか。

しかし、アフリカ大陸からの人類の趨勢《すうせい》や、ユダヤ民族の歴史、太平洋の島々における言語の細分化について考えてみれば、国土を抜きにして社会や政治は語れないとわかるはずだ。

だから私は「国土主権」という概念にたどり着いた。

人類誕生前から地球上に存在する大地。

それに沿う形で人々が集まり、暮らしが育まれ、やがて国家が出来上がっていく。ならば国土を軸とした政治が必要なのではないだろうか。

その土地で暮らす人々に脈々と受け継がれていく魂。地勢そのものが持つ力。気候や風土。イスタンブルで何となく思い描いていた自然に対する畏怖の念と政治の在り方。それをマンチェスターで整理して卒業論文にまとめた。

自然界に宿る「八百万の神」という思想がそもそも身近にある日本人だからこそ、国土の重要性に目を向けられたのかもしれない。

２００４年６月、私はマンチェスターの大学を卒業し、８年間にわたる留学生活を終えて日本に戻ってきた。

帰国後に成増の菅原神社で、これからは生かしてもらった命で故郷に恩返しをすると誓った。祖父とは東大社に参拝し、御神木の橘の実生を譲り受けた。

平和に生きていることは〝普通〟ではない。

顔なじみのカフェが翌日にはテロで跡形もなくなっていたり、理不尽な人の死を目の当たりにするという海外での生活を体験して、決して故郷を同じ姿にしてはならないと強く感じた。

人が人を殺すことを正義とし是とする心の世界を、我が故郷へもたらしたくはない。

そして、私は故郷の政治と向き合うことを決意する。

丸1年間、朝の駅頭に立ち、2007年4月、板橋区議会議員に28歳で初当選した。

幼い頃から眺めていた地図の上を、自分の足で歩いてみて、何となく感じたこと。さまざまな街の輪郭、人々の多様な価値観、その中にある異なる部分と共通する部分。それらを国土を軸にして捉え、具体化し、暮らしに落とし込んでいく。つまり――何となくを「見える化」する。

自身が描く「国土主権」を確かなものにするため、私の地図作りは始まった。ある人物との出会いが、ツールとしての地図を私に与えてくれたのである。

2007年成増駅前での街頭演説

坂本あずまおを知る人に聞く
あずまおカルテ

慶應義塾大学政策メディア研究科特任教授
田代光輝さん

私と坂本あずまおさんの出会いは、2013年のインターネット選挙解禁直後の参議院選挙でした。私は、たまたま知人の知人ということで、丸川珠代さんの選挙をお手伝いすることとなり、そこで坂本さんと知り合いました。

丸川珠代選挙対策本部を支える多くの政治家が、現実社会での街頭演説や個別集会、支援団体への投票呼びかけを中心とした選挙戦（いわゆる「地上戦」）を展開する中、坂本さんはそれら地上戦もサポートしつつ、インターネットを中心とした選挙活動の担当者として活躍されていました。

13年当時は、スマートフォンが普及し始めた時期で、政治や選挙への利用方法も今ほど理解されていない頃です。また、東日本大震災から2年強しか経っておらず、ネット上での議論も激しい時期でした。

企業やタレントのSNSキャンペーン等であれば、いかに荒れないようにするか、いかにクレームが来ないようにするかということが重要で、政治的な話題は避けるのが通例です。しかし選挙となると政治的な話題を避けるわけにはいきません。しかし、そこには政治家としての判断や決断、論争に備えた理論武装が必要となります。

そこで活躍されたのが坂本さんです。私のようにインターネットの使い方に詳しい人間は多数いますが、インターネットと政治状況に詳しい方はほとんどいません。また、都連関係者の人間関係や、自民党代議士・参議院とのバランスなども詳しいとなると、日本では坂本さんしかいなかったのではないでしょうか。

坂本さんは、丸川選対のネット責任者として、政治家としてどの話題を発信していくのか、論点としてどのような理論武装をしていくのか、誹謗中傷やデマに対してどのように対応していくのかなど、刻々と状況が変わる中素早い判断が必要なとき、議員としてバッチを付けて、なおかつネットの活用に精通して、的確な指示を出してくださいました。

さらには都知事選や総選挙、参議院選挙など、大きな選挙では、ネット担当の責任者として頑張っていました。

とはいえ、坂本さんは、ステレオタイプ的な利益誘導型の政治家ではなく、世の中を俯瞰し、社会全体を考えられる方です。また、コロナ禍の最中に、あまり会わない、マスク必須であるのをいいことに、ひっそりとひげを伸ばす（本人曰く、ひげチャレンジ）などおちゃめな側面も持っています。

2 地図から広がる思考

第4章　地図を作る

偶然の出会い

幼い頃から眺めてきた地図。

その上を自分の足で歩いてみて、世界というものを肌で感じる素晴らしさを知り、地図によってその土地土地に住む人間の多様な価値観を浮かび上がらせることが、社会をより良くするためには必要であると強く思った。

トルコと英国に遊学し、その体験から国土の視点を軸に政治をおこなう「国土主権」という概念にたどり着いた私が、いかにして地図を作るようになったか。

それは偶然の出会いだった。

２００８年10月、板橋区議会議員になって2年目の私は、新潟で開催される第70回全国都市問題会議に出席した。

テーマは、「新しい都市の振興戦略」。

主に道州制などについて話し合われることになっており、そこで講師として登壇したのが法政大学大学院政策創造研究科教授の黒川和美氏である。

黒川先生の第一印象は「不思議な人」。

今日新潟に来なければ、秋の園遊会に出席して天皇陛下にご挨拶できたのに……。そう奥様に言われて困ったとこぼし、さらに道州制の話はそっちのけで、サッカーについて熱く語り始めた。


スコットランドのクラブチーム、「セルティック」と「レンジャーズ」。

両チームともグラスゴーを本拠地とし熾烈なライバル争いを繰り広げているが、その根底にはカトリック系（セルティック）とプロテスタント系（レンジャーズ）という、チーム設立時の背景に由来する宗教的な対立がある。

だから尚更、地元のサポーターたちは熱狂するのだ。

「そこへ日本からやって来た中村俊輔選手が、華麗なフリーキックとスルーパスで試合を決定づけ、現地のファンを魅了した。そんなふうに彼らがアジア人を認めるのは、英国サッカー史上かつてないことなんだよ！」

黒川先生の講演を聞き、私はマンチェスター滞在中に実感した現地ファンの情熱とパイを投げつけられた苦い事件を思い出した。

「先生の話はすごく面白いけど、なんて変わった人なんだろう……」

ちなみに、63ページで前述した、英国の「パブ」の由来は「パブリック・ハウス」であることを教えてくださったのも、実は黒川先生である。

「サッカーでもパブでも、私たちが普段目にする何気ないものに多種多様な意味があり、学問があり、それが今の政治に結びついている」

この人だ、と私は直感した。

学生時代に描いた「国土主権」という思想。まだ朧《おぼろ》げであった骨格を具体化し、政治家として現実に落とし込んでいくには、黒川先生の教えが必要だと考えた。いや、もっとシンプルに「先生の楽しい話が聞きたい」と思ったのが一番の理由かも知れない。

新潟での講演で心を掴まれた私は、東京に戻ってすぐ、先生が在籍する法政大学大学院に願書を提出した。

何となくを大切にする

新潟で出会ってから半年後の２００９年４月、私は黒川先生の研究室に入った。

通称「黒川ゼミ」の研究分野は、経済学、都市政策、公共選択。

団地はなぜ14階建てか、スマートフォンのユニバーサルデザイン料はなぜ８円か、国鉄民営化のメリットとデメリットなど、さまざまな事例を題材にして物事の見方を仲間と共に学んでいく。

また黒川先生はご自身がそうであったように、学生にも何事も自由な発想で捉えるよう説いた。きっちり経済学をやりなさいというのではなく、自分が好きなことや、心から楽しいと思えることを切り口に研究に臨むのが一番だとおっしゃってくださった。

そこで私は、何となく漠然と抱いていた「国土主権」の概念を、形としての地図を用いて具体化する研究に取り組みたいと、相談した。

「坂本くん。その〝何となく〟を大切にしなさい」

たとえば、鮭の遡上について。

大海原を泳ぎ、どんなに遠く離れていても、生まれ故郷の川に戻ることができる。それは匂いの記憶か、あるいは磁力によるものか。

いずれにせよ、その土地ならではの何かが魚の行動に影響を与えているとしたら、人間にも同じことが言えるはずだ。

つまり政治に置き換えると、地域の風土を鑑みた施策でなければ人々に響かないし、本当に有益なものにならない可能性もある。

「鮭と政治……。なかなか面白いじゃないか」

黒川先生の言葉に勇気づけられた私は、さっそく私の地元である、東京都もしくは板橋区で暮らす人たちの行動原理を研究テーマの中心に据えようと決めた。

板橋区民を詳しく調べてみると、地元で生まれ育った人はおよそ2割しかいない。残りの8割はほかの自治体から移ってきた人で、子供の頃から土地の影響を受けてきたわけではない。

「居住地選択」という言葉が示すとおり、人は生活に合わせて住む場所を選ぶものだ。それが現実的な東京の暮らしであり、日本経済の形である。

だとすれば、大多数である８割の人たちについて研究するほうが有意義だろうと、ゼミの同期はアドバイスしてくれた。

しかし、私は正直迷っていた。２割の人たちを研究することは、果たして有意義とはいえないのだろうか。いろいろと悩み、考え、ゼミで発表をしていくが、すべてうまくいかない。

「坂本くん、それで楽しいかい？」

ある日、思い悩む私の心を見透かしたかのように、黒川先生が言った。

「自分が心から楽しいと思えることを研究すればいいんだよ」

黒川先生のおかげで、私の迷いは消えた。

大多数である8割の人たちの「居住地選択」ではなく、自分にとって関心のある、地元で生まれ育った2割の人たちが「なぜ引っ越さないのか」を深く掘り下げていく。結果として、それが私の修士論文テーマとなった。

そもそも、東京23区のうち板橋区などの周辺区における人口の流出入には、ざっくりと以下の傾向がある。

0～6歳の子供がいる世帯は子育てしやすい環境を求めて流出超過、第1子が小学1年生になるタイミングに合わせて流入する。その後は大きな変動がない。18歳と22歳の大学進学・就職のタイミングで一斉に流入し、以降は徐々に流入がなだらかに。30代で結婚すると妊娠出産のタイミングで流出超過となり、40～45歳の時点で暮らしている街にほぼ定住する。

また、板橋区民を町丁目（市区町村下における区画のこと）ごとで分析した結果、地元で生まれ育った区民、つまり板橋生まれ板橋育ちの「板橋ネイティブ」には二つのタイプがあることがわかった。

まずは引っ越す必要のない世帯層。いわゆる「土地持ち3世帯同居の農家家系」のような持ち家戸建て世帯は、よほどのことがない限り住み続けられる家や土地があるので、そもそも引っ越す必要がない。

もう一つは引っ越しのできない層。たとえば賃貸団地住まいで家賃補助を受けていたりすると、引っ越さないほうがメリットとして大きい。とある賃貸団地がある町丁目の37歳（調査当時）は、男女合わせて約87％が板橋ネイティブであることが分かった。

引っ越す必要のない人と、引っ越せない事情がある人が町丁目ごとに極端な偏在を起こしている。

こうして掘り下げてみると、同じ2割に該当する区民であってもまったく異なる事情が見えてきて、私なりに手応えを感じたと同時に、さらに研究を重ねて深掘りしなければと感じた。

何となくを大切にすること。

日常生活を送る中で、その土地〝らしさ〟を感じていたとしても、なかなか〝地域の風土〟を目で捉えることはない。

それを地図によって見える化して、それぞれの暮らしに適した施策を講じるのが、人々のライフスタイルや価値観が多様化した現在の政治に求められている役割なのだと思う。

「坂本くん、楽しかったかい？」

2011年1月末、修士論文を完成させた私に黒川先生が尋ねた。

大学院修了を控えた最終の口述面談。そのとき先生は大病を患っておられ、ご自宅の布

思い出が詰まった黒川ゼミの研究室

団から起き上がるのも難しい状態であったにもかかわらず、オンラインで臨んでくださった。

「君が大学院に入るとき、なぜ私の研究室で学びたいか願書にしたためてくれたね。その想いを実現するためにこれからも勉強を続けてほしい。これで終わりではなく、ここから始まるんだよ」

黒川先生の言葉に、私は力強くうなずいた。

その4日後、先生は原発性慢性骨髄線維症のため64歳で亡くなった。

かつて黒川先生が師事していた米国の経済学者ジェームズ・M・ブキャナン氏は、学生の論文を評価するとき「Love」か「Not Love」を基準にしていたらしい。

人間の考え方は、単なる「○×」ではなく「好きか否か」で判断するべきである。経済学であろうと政治であろうと、人の営みにおいて感情を抜きには語れないのだ。

「坂本くん、それで楽しいかい？」

黒川先生のシンプルな問いかけが、私の政治信条になり、判断に迷うことがあったときにはこの言葉に立ち返ることにしている。

震災における地図の役割

黒川先生が亡くなった翌月、私は再びショックに襲われた。

２０１１年３月11日に発生した東日本大震災である。

板橋区議会議員として２期目の選挙活動に追われている最中だったが、未曾有の災害によってそれどころではなくなった。

私は、選挙カーに乗るのをやめた。

まだ震度５以上の余震が頻発し、警報が鳴り響いているのに、選挙カーを走らせてマイク片手に演説して回る気には到底なれなかったのだ。

「どうせなら自転車にしよう。そのほうが有権者のみなさんの様子もよくわかるし、直接声をかけて回れる」

私の脳裏に浮かんでいたのは、21歳で体験したトルコ北西部地震の光景。イスタンブルの人々がパニックに陥って右往左往する姿が目に焼きついたままで、だからこそ私は自分の足で板橋の街を回りたかったのだ。

私の選挙活動について、さまざまなご意見やご批判が寄せられた。

それでも多くの方々が票を投じてくださり、私は2期目の当選を果たすことができた。結果的に前回の選挙よりも大きく票は減らしたけれど、震災後の大変なときに頂戴した3739票（「みんなサンキュー」と私は呼んでいる）は、私への大切な大切なご支援の証で、いつまでも決して忘れない。

地域の安全を守る区議会議員として、災害対策は急務だった。

当時は「ＩＣＴ（インフォメーション・アンド・コミュニケーション・テクノロジー／通信情報技術。通信技術を活用したコミュニケーションのこと）」というキーワードが注目されるようになった頃だ。

一般ではいわゆるＳＮＳが広がり始めていたが、自治体の政策判断の場面でＩＣＴ技術を全面的に活用するのは、技術的にもコスト的にもまだまだハードルが高かった。

一方で、震災を機に行政情報の集約化が強く求められるようになった。広範な被害の拡大により、自治体では組織内や民間など多岐にわたる情報を一括して活用する必要性があったからだ。

そこで目をつけられたのが地図である。住民に分かりやすく、ひと目で各種情報を伝えるには、地図が最適である。

私が大学院で学んだものに「ＧＩＳ（ジオグラフィック・インフォメーション・システム／地理情報システム）」がある。これは、デジタル地図上に地理情報のほか、さまざまな付加情報を重ねて高度な分析をおこなえる技術だ。

津波避難マップのように、プラットホームとして地図を置き、各所管が有するバラバラな行政情報をそこに載せて一つにまとめる。そして、利用可能な情報は積極的に公開して民間活用を認め、オープンデータ化を進める。

バラバラのサーバー上で動いていた、各種・各所管の地理情報を一つにまとめる。いわゆる「統合型ＧＩＳ」と呼ばれるシステムを求める動きが始まり、全国で導入の機運が高まった。


自治体では多くの地図を所有しており、板橋区でもざっと２００種類を超える。

震災復興においては、地形の問題を考慮しながら今後の避難計画などを考える必要性があるため、地理ベースだとわかりやすい。まさに黒川ゼミで取り組んだ、地図によって街や人々の暮らしを見える化するというノウハウを活かせる機会だった。

「板橋区の行政に統合型ＧＩＳを導入しましょう！」

私の提案に、みんな最初は懐疑的だった。

いろいろあったが、少なくとも区役所の担当職員の方々は私と同じ想いでいてくださり、少しずつ理解が広がっていき、災害に対する危機感も手伝って、東京23区で初めて統合型ＧＩＳの導入が実現した。

導入後、一番初めに政策立案へ活用されたのが、災害対策ではなく保育園待機児童問題と小学校の適正規模適正配置計画だった。思わぬ成果を得られたといえるだろう。

さらに、地域では青年会議所での活動にも力を注いだ。

大東文化大学の学生と一緒に街を徹底的に歩いて、地元の方々に話を聞き、地域を細かく調査した。そして、震災からわずか半年余りで地域防災マップを作り上げた。

「楽しさの、先へ」

私にとって生まれて初めての歩いての地図作りは、とても意義深く、その上楽しい経験

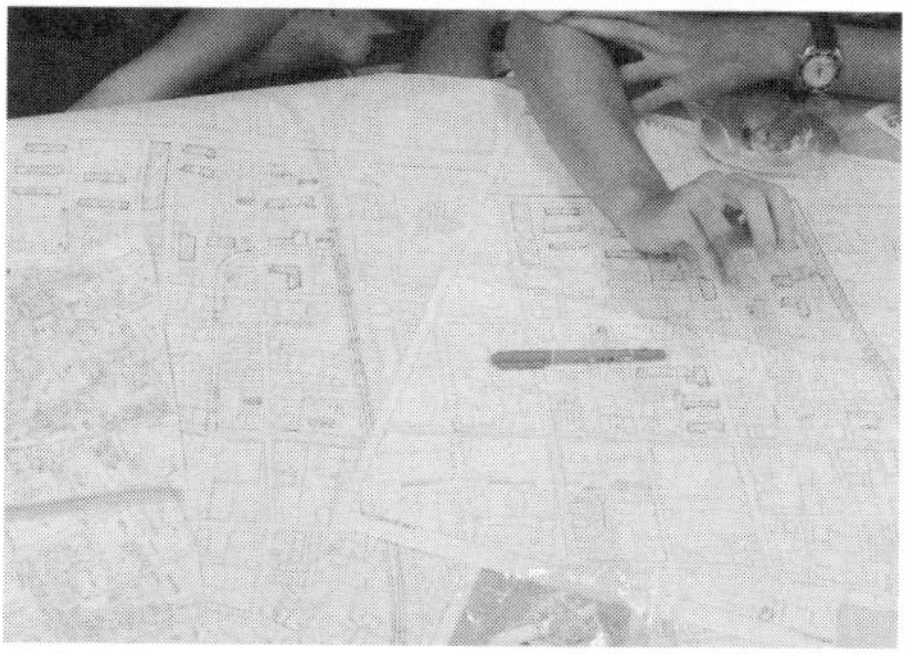

大東文化大学の学生たちとの取り組みによって
地図の可能性を確信した

だった。

何となくを大切にして、学生たちとワークショップを重ねながら情報を整理する。それらが地図上に形となって表現されたとき、あらゆる苦労を忘れてしまうほど、「これは使える！　間違っていなかったんだ！」と強く感じた。大きな充実感だった。

この取り組みは、国立開発研究法人防災科学技術研究所が主催するコンテストで研究内容が評価され、なんと優秀賞を受賞した。その後、板橋区全域18地域センターごとで作成するまち歩き「板橋区地域別防災対策マニュアル」へと繋がった。

東日本大震災は、我々から何を奪い、そして何をもたらしたのか。

防災マップはそうした災害に対する備えの一つにすぎないが、地図の持つ力を活用した、誰もが手軽に使える役立つツールといえる。

地震大国といわれ、自然災害と共存していかなければならない日本において、地図と地理情報の果たす役割は大きい。

国土の数値化

東日本大震災で発生した津波によって、甚大な被害を受けた東北沿岸部。
復興を進めるにあたっては、災害に対する我々の姿勢が問われていた。

自然に立ち向かうのか。
それとも、自然に寄り添うべきか。

たとえば堤防を築くとき、津波の威力をはね返すほど大きく丈夫な壁を作るべきだという考え方がある。しかし一方では、津波の威力をうまく和らげるような壁のほうが良いという考え方もある。

果たしてどちらが正しいのか。
それは、山登りの右か左かと同じく、どちらも正しいのだと思う。

災害対策の理想と現実。

あくまで自然と暮らしの共存を図りたいが、それればかりでは経済が成り立たない。だからこそ双方のギャップを埋める必要があるわけで、いつか誰かがやらなければ、しかもなるべく早急にやらなければ、いつ起きるかわからない災害に備えることができず過ちを繰り返してしまう。

理想と現実の折り合うポイントを探ること。

二つの相反する価値観を一つのテーブルに載せて、そこから共通性を見いだす。どちらかに偏ると必ず無理が生じて、持続可能な対策にはならない。

そのためには、誰もが目に見える形で判断できる基準が必要になってくる。これが「国土の数値化」である。

ただし、情報を単純に数字として羅列するだけでは、それを具体的にどう活かせばよいのか、すぐにはピンとこないだろう。

それらの情報をひと目で直感的に示すもの、それがツールとしての地図であり、地理的条件から国の政策や特性を考察する「地理情報科学」に基づく物事の捉え方なのだ。

「地図」「地理」とだけ聞くと、それが私たちの日常生活において、場所や位置を知ること以外の何に役立つのかと思うだろう。けれども、多面的な思考で読み解くと、暮らしの中での課題が浮かび上がったり、その解決策のヒントが見つかったりする。

次章では、地理情報科学で用いられる四つの思考をご紹介する。

① 俯瞰とあおり
② レイヤー
③ 縦軸
④ 縮尺

これらの思考は日常のさまざまな場面で活かすことができ、みなさんが抱える課題や疑問の解決に役立つものである。

ではさっそく見ていこう。

2 地図から広がる思考

第5章　四つの思考

四つの思考① 俯瞰とあおり

二人の自分

自分の頭の上にも地図がある——。

異国の地を歩くとき、私が感じていることだ。

この感覚がかなり特殊だと気づいたのは、実はつい最近のこと。本書の企画会議で編集スタッフに話したところ、頭の上ではなく足の下に地図をイメージして歩くのが普通ではないかと言われた。いや、足元にもありますよ。天地両方にあるのです。

いったいなぜ私は、頭の上にも地図があるのだろう。

トルコでも英国でもそうだった。

街を歩いている自分がいて、ふと空を見上げると、ゆうべ地図を眺めていた自分がこちらを見下ろしている気がするのだ。まるで見下ろしている自分が広げている地図という空間の中を歩いているような、確かに奇妙な感覚である。

この感覚を得たきっかけは、ペルシャの古代宗教「ゾロアスター教」の教義を考えたときだった。ゾロアスター教は、世界はアフラ・マズダ（善）とアンラ・マンユ（悪）に分かれて戦う善悪の２元論であり、善悪が１万２０００年戦った後に最後の審判で善が完全勝利をし、新世界が訪れるという。

しかしここでどうしても分からないことがある。２元論なのに最後の審判を下す全能的な判断力を持つ何かが存在している。そうでないと勝ち負けの判定をつけることができない。

それに、善悪はどちらも質量を持ちつつ自己の正当性を主張し戦っているのだから、合計された全体、つまりユニバースが、ほらそこに３元として存在しているじゃないか、と思ったのだ。

街を歩いてみると、地図という紙では表現しきれない「現実」がある。

そこには地図に載っていない実際の暮らしがあり、その人々の息遣いに触れるたび私は天地二人の自分をじっと見つめ、問いかける。

「空から見下ろす視点と地面から見上げる視点を、同一にするにはどうすればいい？」

俯瞰とあおり――相反する二つの視点。

これを政治でたとえると、行政側と住民側に置き換えられるのではないか。

行政側は俯瞰的な視点で施策を講じるが、それをあおり的な視点で捉える住民側はどのように受け止めるだろう。相手を理解しようとする想像力がもし欠けていたら、両者のズレはいつまでも解消されない。

私は成増里神楽保存会という郷土芸能団体で獅子舞を担う活動を子供の頃から続けてきたが、古典芸能の能楽師である世阿弥が語ったこんな言葉があるそうだ。

『離見の見』

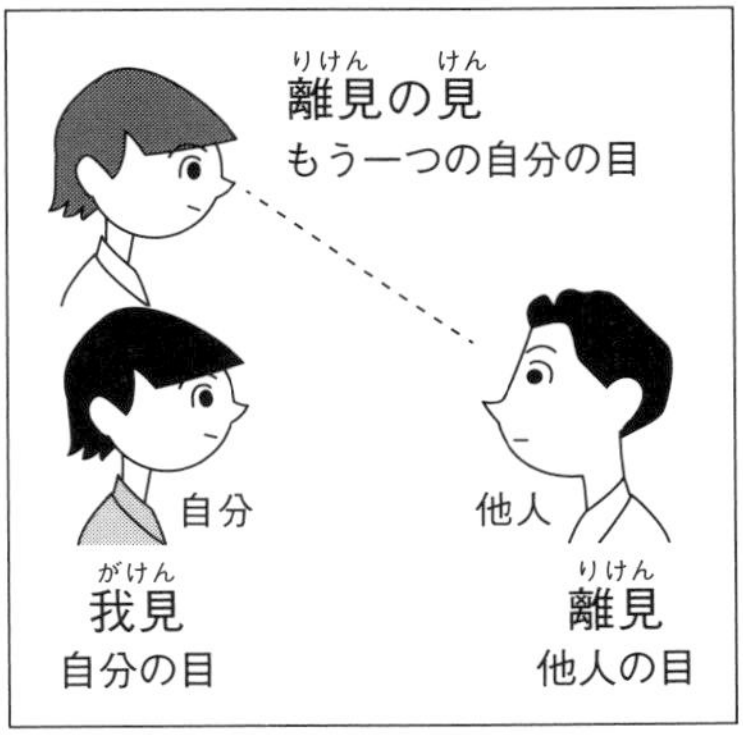

役者の視点を「我見」、観客の視点を「離見」として、その上で役者は観客の視点で自分自身の演技を見つめる「離見の見」を持つことが重要だと。この世阿弥の思考こそ、まさに俯瞰とあおりの概念を言い表している。

舞台を見る側と見られる側。
政治を施す側と施される側。

双方の視点を持ち合わせて物事の本質を見極め、より効果的な施策につなげていきたい。「ツールとしての地図」を用いれば、それを実現できるはずだと私は考えた。

相互理解

海外に身を置いていると、文化や慣習の違いに戸惑うことも多い。

そのたび私は現地の人たちを眺めて「エイリアンみたいだな……」と思うのだが、よくよく考えてみると、彼らから見れば私のほうがエイリアンなのだと気づかされて、思わずはっとしてしまう。

イスタンブルで見た街の明かり。

ボスフォラス海峡の対岸に建つアパート群の窓の向こうにどんな暮らしがあるのか知りたいと願いながらも、トルコの友人一人の気持ちでさえ十分には理解できないもどかしさ。

そのとき、相手もまた私と同じように感じているかもしれないと考えが及んでいたら、何か変わっていたかもしれない。

マンチェスターではとても興味深い話を聞いた。

私の妻が通っていた大学で、ノーベル物理学賞の教授と宗教学の権威である人物が「宇宙《ユニバース》とは何か」というテーマで議論をしたらしい。

どんな舌戦が繰り広げられるのかと思いきや、なんと物理学者は宗教学的な見地から語り、対する宗教学者は物理学的な見地から語ったそうだ。

そうして互いの異なる視点に相手の視点を取り込んで論じ合った結果、共通の解にたどり着いたという。

トルコと英国での生活を通して、私の胸に刻まれたキーワード「相互理解」。「国土・国民・国家」をテーマに書いたマンチェスター・メトロポリタン大学の卒業論文で、私は民族紛争の解決法の一つとして相互理解が重要だと述べた。相反する立場の者同士が想像力を働かせて互いを知ろうとする。

自分が見ている相手を知ること。
相手が見ている自分を知ること。

自分だけの視点から離れることができれば、自然と相手を尊重できるようになる。相手の価値観に寄り添うことで、自分の中に新しい価値が生まれてくる場合もある。さらには多様性を認め合える関係へと発展していく。

それを私は街歩きから学んだ。

俯瞰とあおりが、私の地図を立体化させてくれたのである。

相手を映す鏡

私は朝の街頭演説が苦手だ。

足を止めて聞いてくださる方はいいのだが、通勤通学でお急ぎの方に向けてだと、何を話せばいいかわからないのだ。

「演説するときは、壇上に立ってから、聞いてくださる相手の顔を見て話す内容を決めなさい」

初めて区議会議員になった私に祖父が授けた言葉。

あらかじめ用意した原稿を読み上げるのはピントがずれて、相手に対して失礼だという意味だが、新人議員には難しい課題である。

やがて経験を重ねるうちに原稿なしで演説することには慣れてきたが、相手の顔が見えないとその方にとって大事なことが何であるかが想像しにくく、話す内容に悩んでしまう。足早に去っていく方に語りかける朝の街頭演説の難易度が、より上がった。

きっと私は、相手を映す鏡なのだろう。

通行人は一瞬で過ぎゆく。その「一瞬の連続」が、通る人の数だけ幾千幾万と繰り返す。そして通行人と目が合う刹那、物事は決まる。人の印象、ファーストインプレッションは０・３秒で決まると聞いたことがあるが、こういうことなのだろう。

自分の言いたいことを一方的に話すのではなく、相手が求めていることを理解し、その上で感じた自分の言葉を伝える。
もしも鏡が曇っていたら、相手を映すことはできない。
だからこそ常に、自分自身という鏡を磨いておく必要があるのだ。

俯瞰とあおり――見下ろす自分と見上げる自分。

街歩きによって二人の自分を認識したことがきっかけで、私は自然と相手の視点に立てるようになった。

地図とは、単に場所を示すだけではない。

目に見えない感情や思考を表す極めて有用なツールである。

黒川先生が私に与えてくださったもの。

それはツールとしての地図であり、楽しいという感情を踏まえた判断基準であり、我々にとって必要な「座標軸」ともいえるだろう。

「私は相手の気持ちがわからない……」

「相手も私の気持ちをわかってくれない……」

そんな悩みを抱えている方は、ぜひ自分の頭の上にもう一人の自分の世界、自分の地図があるのを想像しながら、街を歩いてみてほしい。

毎日歩いていた道でふと立ち止まり空を見上げたときに、いつもと違う景色が広がっているように思えた経験は誰しもがあるのではないか。

〝別の視点がある〟というのは、このぐらいのわずかな意識の違いで気づけるようになるものなのだ。

自分とは異なる相手の意見や想いを無理やり１００％理解し、従うのではなく、異なることを認め合い、理解し合おうとする。

上と下、右と左、前と後ろ、過去と未来、そして今にいる自分。

己《おの》れをからっぽにして、俯瞰とあおりの天地二つの視点で見れば、目の前にある問題をこれまでとは違う角度から捉えられるようになり、新しい発想が芽生えることもあるだろう。

そうすれば世界のどこにいても、自分の道に迷うことはないはずだから。

四つの思考② レイヤー

新しい色を見つける

「レイヤー」とは何か――。

たとえていうと、ある部分に色のついた透明のフィルムをたくさん重ねて、そこから生まれてくる新しい色を見つけるような感覚である。

色つきの透明フィルムは、先述したＧＩＳでデジタルの地図に重ねるさまざまな情報にあたる。地形や歴史、交通網、人々の行動……など多種多様な情報を、色として一つの情報につき1枚の透明フィルムに落とし込んだものとイメージしていただくとわかりやすいだろうか。

色つきの透明フィルムを何枚か地図の上に重ねると、ある部分だけほかとは色が異なっていたりする。そこを起点に〝なぜその部分だけ色が異なるのか〟をひもといていくのが、地理情報科学で用いられる思考の一つであり、情報を色として落とし込んだ透明フィルムにあたる「レイヤー」だ。

ある自治体の住民について考えてみよう。

地域の中には、子供がいる家庭もあれば、子供のいない家庭もある。さらに子供といっても、乳児から幼稚園児、小中高生までいる。その上、子供がいる家庭でも、乳幼児であれば親が車や自転車で送り迎えし、ある程度大きな子供であれば自分で電車やバスに乗って移動する。このように、それぞれの生活圏域はまったく異なるものだ。

もちろん仕事を持つ人も同様で、自宅で働くのと、出社してオフィスで働くのとでは異なって当然だ。

同じ街に住む住民とはいえ、全員がその自治体の中だけで動くなんてことはあり得ないわけで、ひとりひとりの生活背景に応じた行動範囲がある。

だとすれば、行政の施策はひと括りであってよいのか。

子供のいる会社員も、子供のいない自営業者も、ひとり暮らしの高齢者も、同じ一つの「住民」として捉えてしまうと最小公倍数の施策しか講じられない。期待される行政施策の本来の効果が薄れて、結局誰にも響かないだろう。

一つの自治体に一つのペルソナ。

顔のぼやけたペルソナに向けた施策に、住民は共感なんてできない。このことが提供される行政施策と、住民が求める行政施策のギャップを生むのではないか。

同じ自治体というだけで、さまざまな人々の暮らしを推し量るのは無理がある。

ひと括りにされた住民が行政に対して抱く不信感を何とか解消できないものかと、私は考え続けてきた。

そこで思いついたのが、地理情報科学で用いるレイヤーの思考である。住民それぞれの多様な生活背景をできるだけ細かく分類し、基盤となる地図の上にレイヤーとして重ね合わせるのだ。そうすれば同じ自治体の中で、どの地域にどんな生活背景を持つ住民が多いのかといった、細分化された町の様子が浮かび上がってくる。細かな住民属性ごとの特徴がわかれば具体的な課題が見えやすくなり、より適切な施策を講じることができる。行政サービスの質が高まって、効果を感じる人々の中に共感が生まれてくるようになるだろう。

だからこそ、住民の多様性に応えうる行政が必要となってくる。

人と地域

レイヤーの思考は、「人」だけでなく「地域」にも当てはまる。

緑豊かな地域があれば、住宅が目立つ地域もある。

住宅といっても、戸建とマンションでは暮らす人々の密度が違うわけだし、地理的な高

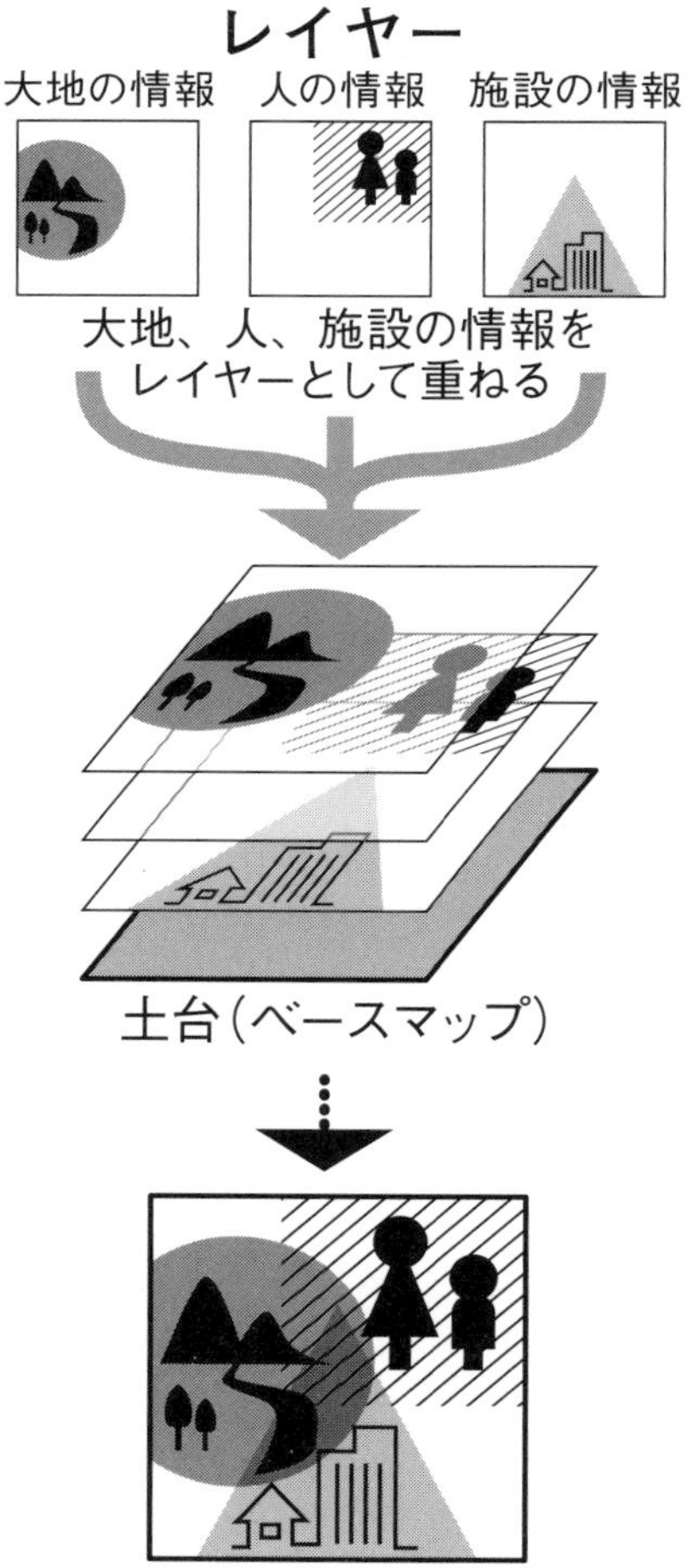

情報というレイヤーをベースの地図に重ねていき、
その変化から課題・問題の発見、解決策につなげる

低差や交通状況など立地条件によっても、暮らしは大きく異なるものだ。

それなのに、地域の多様性を無視して風呂敷１枚のひと括りで捉え、たった１枚のレイヤーで災害対策や教育・福祉政策を検討するのはいかがなものか。

たとえば、東京都民を所得や家族構成、通勤圏などのレイヤーを重ねて見てみると、38の生活背景のカテゴリーが浮かんでくる。同じ自治体（市、区）でも地域によってバラバラだったり、離れた地域なのによく似ていたりするのが、地図を眺めただけで一目瞭然なのである。

人レイヤーと地域レイヤー。

さまざまな状況（計画や課題）に応じて、基盤となる地図の上に色つきの透明フィルムを重ねたり外したりしながら、地域の姿を把握し適切な解を探る。その自由さと、思いがけない色を発見する面白さ。

私の個人的な見解では、素敵な街には必ずお洒落なカフェと美味しいパン屋さんがある。

また学術的には、ＬＧＢＴの方が多く住む地域は美術館などが多く、文化的でクリエイティブな地域といわれていることが多い。

行政の現場では、環境課が所有する工場立地情報で、将来の保育園需要と適正配置を導く。このように異なる分野のレイヤーをかけ合わせると、新しい政策や潜んでいた取り組むべき課題が浮き彫りになることも。

正解は、必ずしも一つだけとは限らない。

想定していた解とは異なる、別の解もあるのだと地図を眺めて感じられるとき、私はすーっと胸のつかえが取れてくる気がするのだ。

何か困ったとき、解を探す手法の一つとして、レイヤーを重ねたり外したりしながら試行錯誤していく作業は、地域の暮らしを預かる我々地方議員に有用であると思う。

白でも黒でもない

レイヤーを重ねていくと、最終的には白か黒になる。しかし、白と黒のあいだには中間色が無数にあって、そうして浮かび上がった色が、物事の個性を際立たせる場合がある。

イスタンブルで実感した人種のレイヤー。トルコ系、クルド系、アラブ系、スラブ系、地中海系、ロシア系、イラン系など、多様なルーツを持つ人々と共に過ごす中で、日本人である私自身のオリジンを強く意識したのは間違いない。だからこそ彼らと共通する部分も見えてきたわけで、そこにレイヤー思考の奥深さがあるといえるだろう。

104ページで伝えたマンチェスターの話もそうだ。物理学と宗教学、異分野のレイヤー同士を重ねていったら、最終的に色の変わったポイントが同じだった。

独自性と共通性を同時に発見できるのが、この思考の面白さ。

そのためには、なるべく多くのレイヤーを備えておくことが重要となる。

郷土芸能、古武道、海外留学、政治活動……。

私には少しめずらしいさまざまな経験があり、ユニークな人生レイヤーを持っている。多角的に物事を分析・考察するには、レイヤーの種類は異ジャンルであればあるほど良いし、これから先もっと増やしたい。

もしかすると、私が多趣味なのはその影響かもしれない。

突然36歳で大型バイクに憧れて免許を取ったのも、レイヤーを増やすためだし、いつかどこかで活きてくるはず。

人生で無駄なものは何一つないのだ。

イスタンブルの大学で、私は英語の成績が悪くて、なかなか学部に入れなかった。通常1年で済むところを私は2年かかってしまい、周りの同級生らに取り残されて、つらい思いをした。

「どうして自分はこんなに勉強ができないんだろう……」

その苦しい経験で私がようやく身につけたのは、小論文の書き方である。短時間で、自分の考えを起承転結でまとめるのは、日本語でも難しいというのに、それを英語でやるなんて恐ろしく大変に決まっている。とにかく単語数が必要だし、論理構築や表現力も欠かせない。

けれどもそのとき必死で身につけたおかげで、街頭での演説や議会での質疑応答など、現在の政治活動に大きく役立っているのだ。

回り道で獲得したレイヤーほど武器になる。

レイヤー思考が得意とする、独自性と共通性を発見する力は、日常生活の議論や交渉などでも幅広く活用できるはずだ。

想像してほしい。春の登山で、南ルートと北ルートで別々に山頂を目指した二人が見た山桜の咲きぶりは、きっと異なっているだろう。しかし頂上から見下ろせば、その両方がひと目でわかる。

たとえば、表現の仕方や工程が自分とは異なるだけで、目指していることは同じである場合でも、相手の発言や計画を表面上で受け取ってしまうと、なんだか腹落ちしなかったり、意見が対立することがある。

よくよく話を聞けば目標や理想は同じなのに、これではうまくいくはずだったことも失敗に繋がる可能性があるし、不必要なストレスを生むことにもなる。

こんなときは、お互いが持つレイヤーを重ね合わせ、共に俯瞰とあおりの視点で眺めてみると、共通した部分を見いだすことができるだろう。

我々の人生を彩るのは、個々の経験が映し出された、白でも黒でもない無数の色つき透明フィルムなのである。

四つの思考③　縦軸

過去・現在・未来

イスタンブルは、時の流れを視覚で感じられる街だ。

トルコ北西部地震でビクともしなかったテオドシウスの城壁や、石灰石が壊れることをあらかじめ予想し補修のための設計図を忍ばせていたスレイマンモスクなど、東ローマ帝国からオスマントルコに至るまで、数百年、数千年の時代を行き来できる稀有《けう》な感覚が身につく土地である。

旧市街の中心にある世界遺産アヤソフィア。

東ローマ帝国時代はキリスト教の大聖堂だったが、オスマントルコ時代になると、イスラム教のモスクに転換された。

このとき、建物内にキリスト教のモザイク画があり、偶像崇拝を禁じるイスラム教の皇帝メフメト2世は破壊することもできたが、とりあえず人目に触れないよう漆喰で塗り固めただけに留めた。

そして20世紀に入り、博物館となって修復作業を進めている最中に漆喰の下からモザイク画が発見されたことで、かつてここがキリスト教の大聖堂だったことの証左となった。もしメフメト2世によって破壊されていたら、その画は永遠に葬られて、私たちは歴史の変遷を目の当たりにすることはできなかっただろう。

地理情報科学における「縦軸」の思考とは何か。

ある地点の過去と現在を重ねて未来を予見する、そんな時間軸の捉え方だ。

わかりやすい例を挙げてみよう。

基盤となる地図の上に、ここ10年間で発生した水害の履歴と、縄文・弥生期の人の居住跡地、2枚のレイヤーを重ねてみる。

すると、かつて人が暮らしていた場所では（少なくとも板橋区内では）近年も水害がまったく発生しておらず、それ以外の場所でのみ起きていることがわかる。

つまり、この地図を眺めるだけで、豪雨が発生した場合にどこが安全でどこが危険かがひと目で把握できるし、ひいては学校や避難所を設ける際の基準になるのだ。

歴史をさかのぼって現在の課題解決のヒントを見つけたり、これから起こり得る未来の事象に向けた対策に活かす。

これが縦軸の思考で物事を捉える最大の魅力である。

基礎となる地図（この図では板橋区の地域）に水害の履歴と縄文・弥生期の居住跡地の情報をレイヤーとして重ねたもの
（オープンストリートマップを基に、板橋区提供データを用いて作成
© OpenStreetMap contributors）

予定的未来と計画的未来

縦軸の思考で見えてくる未来。

それには「予定的未来」と「計画的未来」の2種類ある。

予定的未来：このまま今の状態が続けば将来こうなるというもの

計画的未来：今の状態に手を加えれば将来こう変わるというもの

たとえば、都市計画を立てる場合、まず予定的未来像を描いてみる。

数十年後ここにビルが建って、人口がこれぐらい増減して、経済がこう展開して、人の流れがこうなりそうだと、考えられる変化を挙げていく。

それを基にして、次は計画的未来像を描く。

おそらくこの辺でこういう問題が起きそうだから、別の場所にずらすと人の流れが変わって解消されるだろう、などといった具合に、変化によって生じることが想定される問題や課題の解決を視野に入れて計画を立てる。

予定的未来が示す予測値と、計画的未来が示す変更値。

これら二つの時間軸が地図を用いることで端的に表現できるのだ。

未来像を描くだけではなく、過去の出来事が現在に与える影響を検証するのにも縦軸の思考は極めて有用である。

自然の理《ことわり》を無視して大地を削った結果どうなったか。

経済活動によって失われた自然や文化が、どのような影響を及ぼしたのか。

私が学生時代に過ごしたマンチェスターは、18世紀に始まった産業革命で急速に成長を遂げた街である。

労働力を確保するため、あらゆる国の移民を積極的に受け入れてきたこの街は、１９６０年代頃から治安が悪化。特にモスサイドという地域では、車や自転車の盗難に保険がかけられないとまでいわれたほど、犯罪が多発していた。
産業革命による工業化が一段落し、経済成長が止まったことから街が衰退して、工場は廃墟となり、スラム化してしまったのだ。

そこで行政は、住宅政策を柱とする、スラムクリアランスを断行する。
しかし再開発によって整備された区画や建築物が、従来あった移民たちのコミュニティを分断してしまい、さらなる治安悪化を招く事態となった。

そうした過去の反省を踏まえ、1990年代に入ると住民に寄り添う形で新たな取り組みが進められた。彼らの要望を聞き、問題を一緒に解決することで、ローカル・プライド（郷土愛）が芽生えて、やがてモスサイドの治安は劇的に改善されたのである。

むやみに美しく整備するのではなく、そこで暮らす人々や地域が持つ歴史的な背景を踏まえて未来を計画的にデザインする。
自分たちを知ろうと努めてくれた、その姿勢が住民の心を動かし、自分事として物事を捉えるようになり、施策に対する理解へと繋がるのではないか。

それは街や地域だけでなく、人間の健康や教育などにもいえることだ。

一つの地点において何か問題や課題が生じたとき、それを今ある条件、事象だけで判断し解決するのではなく、時間的な奥行きも考慮して検討してみると、問題や課題の本質が見えてくることがある。時間的な奥行きに目を向けることは、その土地やモノや人への理解を深めることにもなるからだ。

日常生活で起こる困り事も、過去の背景を知ると新しい対処法が見つかるかもしれない。

過去・現在・未来を繋げて、縦軸の思考をぜひお試しいただけたらと思う。

四つの思考④ 縮尺

適切な焦点

もしも山で遭難したら、沢を下るべきか、それとも尾根へ登るべきか。冷静に考えれば、上へ行くほうが視界を遮《さえぎ》られず、下へ行くほど道に迷うとわかる。それでも焦って下ろうとしてしまうのが人間心理というものだ。

視野を適切に保つのはなかなか難しい。狭すぎても広すぎても、物事の本質に焦点が合わなくなる。

そこで役に立つのが「縮尺」の思考である。

スマートフォンなどでデジタル地図を見るとき、駅からの大体の経路を把握する際には縮小、目的地に向かう途中の曲がり角などを確認する際には拡大をするといったことがあると思うが、その感覚に近い。

たとえば、板橋区の行政を見るとき、東京都や関東圏全体と照らし合わせなければ課題に気づけなかったり状況を見誤ったりするので、私は常に縮尺を意識しながら、適切な焦点を探るよう心がけている。

ある自治体が子供の教育費を全額無料にしたとする。

そうすると、ほかの自治体で暮らす子供のいる家庭が過度に移り住むようになり、周辺の地域がどんどん廃れてしまう。

このような状況を招く取り組みを「近隣窮乏化政策」と呼ぶのだが、特定のものだ

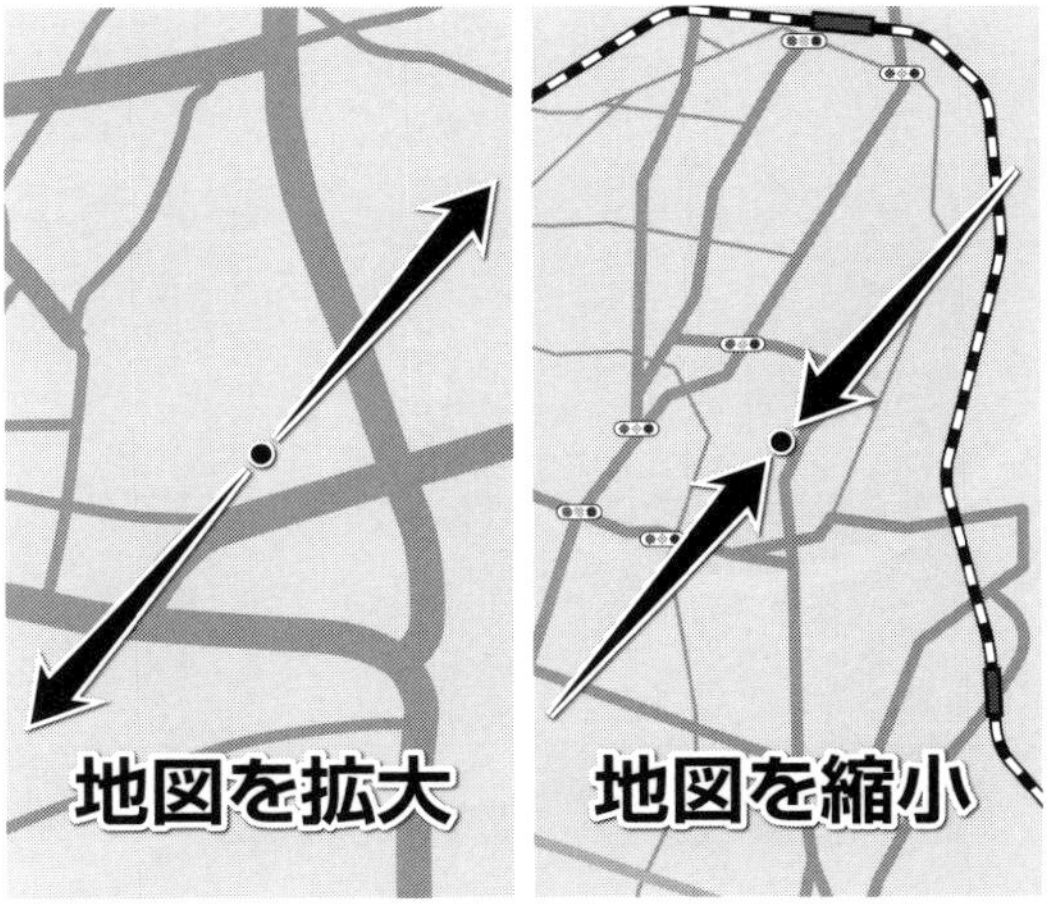

スマートフォンで画面をピンチアウト・ピンチインするのに近い感覚が「縮尺」の思考だ

けひとり勝ちしたところで周りが潰《つぶ》れてしまっては意味がない。なぜなら、いずれ全体的に落ち込んでいって、最終的な勝者が誰もいなくなるからだ。

ではどうすればいいのか。

適切な焦点を見つけるには何が必要なのか。

まずはそれぞれの自治体間が健全な競争状態にあり、お互いを高め合っていることが前提となる。

いわゆる資本主義の原理がうまく作用して、全体のメリットになればいいのだが、競争相手のポテンシャルに差がありすぎると、自治体の場合はひとり勝ちの状況も生まれてしまうからだ。

商品とは違い、自治体運営のそこには現実に人が住んでいる。そのため自治体間競争に負けたからといって、住民は出ていけばいい、不便になっていい、ということにはならない。

財政上は地方交付税交付金があり、また東京23区では都区財政調整交付金がある。夕張市で起きたような自治体財政崩壊ということには、ほとんどならないようになっている。

一方で、東京一極集中についてはどうか。

東京に人と資金が集まることによって、東京の経済が日本を引っ張り、日本全体が発展する。

もしくは、地方への分散。東京で上がった税収を国庫に召し上げ、人口減少下の地方都市に投資する。

国民誰一人の利益や効用を下げることなく、日本国全体の発展を最大化させる。こうした状態のことを経済学の概念では「パレート最適」と呼ぶ。

その政策の目的は、基礎自治体住民のためか、都道府県住民のためか、それとも日本国民全体の利益の最大化に寄与するものなのか。

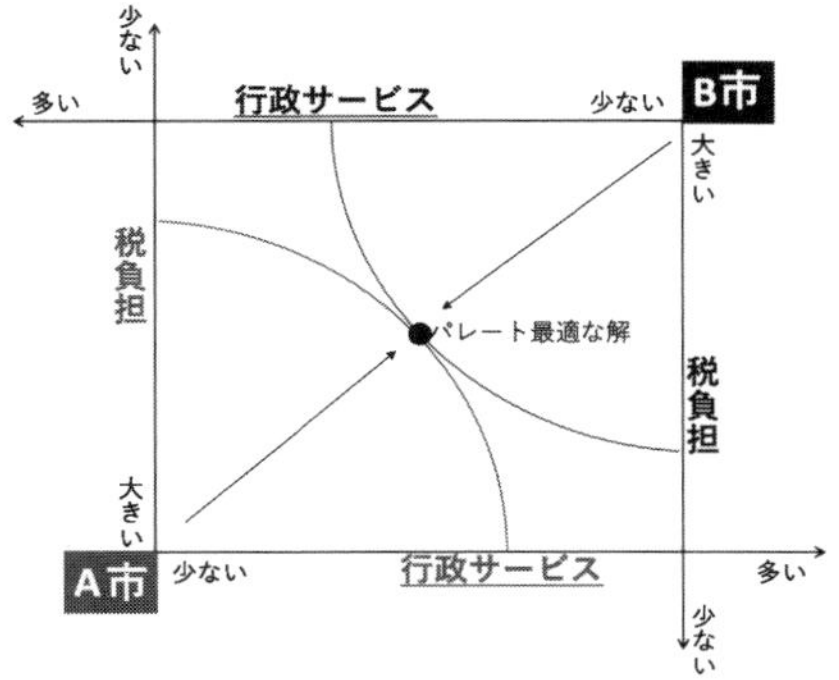

隣接するＡ市とＢ市の税負担と行政サービスの視点で捉えたとき、両市において利益や効用を下げることなく最適なバランスを考えることが大切だ

だからこそ、縮尺の思考によって物事を広い視野で捉え、全体の利益が最大化するようバランスを取る。これが絶対に必要な視点なのだ。

他方で、あえてひとり勝ちを狙う「ドミナント戦略」もある。

コンビニエンスストアや飲食店など、ある特定の地域に集中して店を構えることで市場占有率を上げたり、配送のロスを省いたりする経営手法だ。

もちろん同じ系列店同士で顧客を奪い合う、災害時に集中的な被害を受けるなどの恐れもあるわけで、行政でいえばその自治体特有の局地的な課題解決の手段としては有効な場合があるだろう。

このように、抱えている問題や課題の内容、目的、状況などにより、必要とされる視野の範囲や取るべき手段は変わってくる。

いかにして適切な焦点を探るか、慎重に見極めることが重要だといえる。

自由で直感的なツール

好ましくはないが、最近よく耳にする「線状降水帯」。線状の特定の狭い地域に強い雨が連続して降る現象だが、これを情報のみで表現すると、「A地点は豪雨、B地点は晴天」となる。

では地図に置き換えるとどうなるか。「雨が降っているのはA地点だけだが、河川の状況によっては、下流にあるB地点でこれから洪水が起きるかもしれない」との予測が成り立ち、それをわかりやすくビジュアルで示すことができる。

B地点にいる人は、今いる場所の情報だけを注視していると、晴れているから今後の危険性に気付けない。そこで気象情報というレイヤーを重ねた地図を縮小し、もっと広範囲の情報を取り込むことができれば、さらにいえば、この情報をプッシュ通知などを利用して伝えることで、思わぬ災害をより未然に防げる。

個別の情報を集約して可視化できるのが地図の魅力であり、縮尺によってそれぞれの位置関係を把握すれば、新たな問題や解決策が見えてくるのだ。

地図とは、自由で直感的なツールである。

ひとつひとつの情報にまとめてアクセスできる地図ならではの特性を活かし、私は『板橋テイクアウトできるお店マップ』を作成した。

新型コロナウイルスが感染拡大を始めた直後、外出自粛要請により多くの飲食店が影響を受けていた。各店の苦しい状況がＳＮＳで飛び交い、大手の飲食系まとめサイトの対応を待っているわけにもいかなかったので、官民あちこちのデータをかき集めて３日間のやっつけ仕事でひとまず形にした。

「外食ができない状況下でお店の味を楽しみたい」「ステイホームで毎日３食の献立を考

えるのも大変」といった声を反映して料理店の種別を記載したが、コロナ禍での課題には「移動」もある。車で移動をする人、徒歩で近所へ買いに出る人、それぞれの距離感に合わせて使えるようにと、色分け表現は駅圏のみにした。

　掲載を希望される飲食店の登録も、私がほぼ手入力の力技で対応するような簡素なシステムだったが、とにかくスピード対応を大切にした。

　現在は役割を終えて更新していないが、今後は災害時の避難所マップやダッシュボードを作る場合にも応用していく。

　このように縮尺の思考は、地図の持つ可能性を広げ

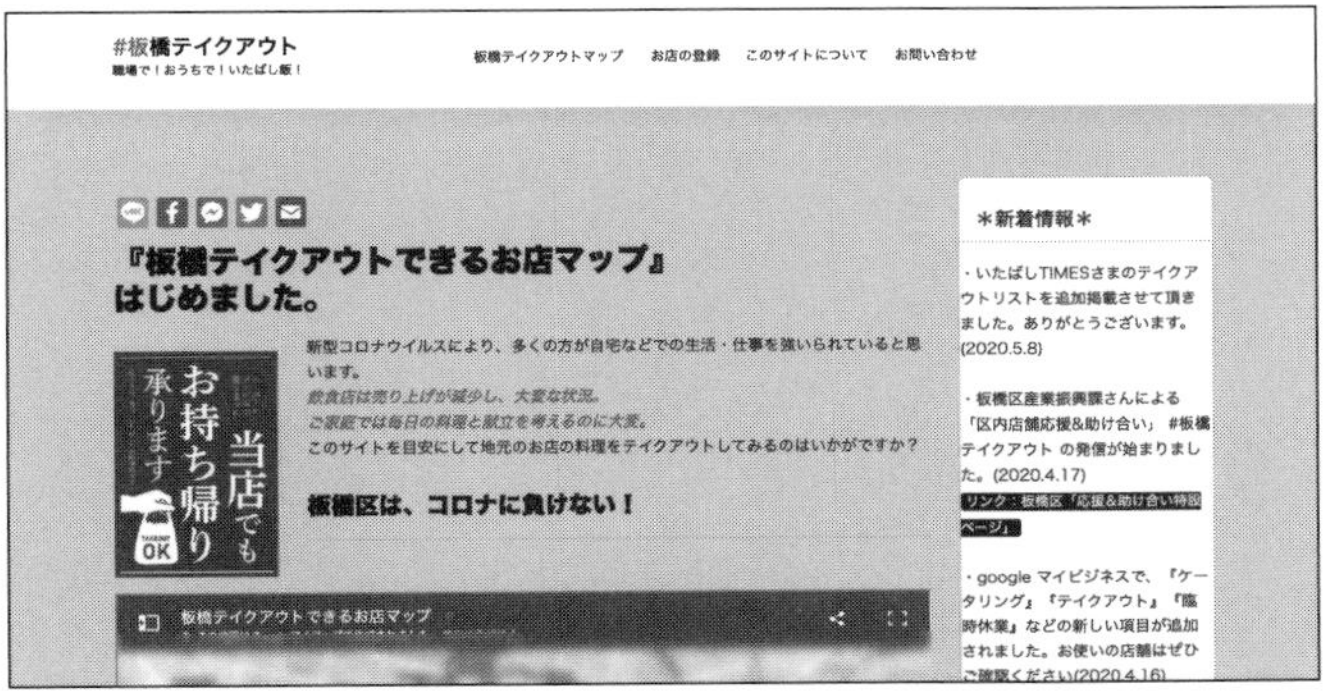

webサイトで公開した、３日で作成した「板橋テイクアウトできるお店マップ」。誰もが使いやすいツールがすぐに作成できるのも地図ならでは

てくれる。

しかし、誤った縮尺で物事を判断する危険性もあることを忘れてはいけない。

さまざまな情報が溢れている現代社会において、誰かが一部だけ切り取った情報を鵜呑《うの》みにすると、正しい解釈が歪《ゆが》められてしまう。

地図ではないが、悩み事の相談にもそれが言えるだろう。


誰かに受けたアドバイスを、それが果たして自分の悩みに適したものなのか、最終的に判断をするのは自分だ。アドバイスはアドバイスとして、その人の助言はどの縮尺から導き出されたものなのか、冷静に受け取る必要がある。


自分が考えてたどり着いた答えであれば、願った結果が得られなかったとしても、考えた過程が自分を成長させるはず。

たとえ大きな壁にぶつかろうと、ほんの少し縮尺を変えるだけで視野が広がって、壁を乗り越える方法が見つかることも往々にしてあるのだから。

多くの方の関心ごとを地図を用いて示し、
自身のwebサイト「あずまっぷ」で公開

坂本あずまおを知る人に聞く あずまおカルテ

自由民主党参議院議員
丸川珠代さん

坂本あずまおさんに初めて「あずまっぷ」を見せていただいたのは2015年のことです。当時ようやく官（行政）の持つビッグデータがRESAS（地域経済分析システム）を通じて提供され始めた頃でしたから、地域の生データを自ら歩いてデジタル化した「あずまっぷ」に、私は衝撃を受けました。地域に根を張る政治家が、自らのデジタル技術と、人脈と〝足〟を活かして地域資源を可視化したデジタル地図は、他に類を見ない先駆的な実践でした。

「あずまっぷ」は、あずまおさんが自ら板橋区内を歩いて集めた、消火器の位置や道路冠水による浸水履歴などの防災関連情報、嚥下機能訓練をおこなっている医療機関や診療所・薬局などの医療資源関連情報などが掲載され、いくつものバージョンが存在しています。いずれも着眼点が極めて住民目線で、行政の縦割りがもたらす〝情報の縦割り〟を排するためにエネルギーが注がれています。

たとえば、嚥下機能訓練は、歯科・耳鼻科をはじめ複数の診療科・サービスでおこなっていることから、国でも自治体でも、提供されている場所を十分に把握していません。ところが、地域の住民にとっては、自分が足を運べるエリアにあるかどうか、自分の近隣でサービスが受けられるのかということがまず重要です。

そこであずまおさんは、行政の中では部署ごと、あるいは団体ごとに散在している情報を研究機関と連携して収集し、一つに統合して地図上にプロットしたのです。「あずまっぷ」では歯科・医科のみならず介護・看護分野まで、区内の嚥下機能訓練を地図上で一覧することができます。誰もが、「あればいいな」と思いながら形にしてこなかった情報提供の形を、官民の縦割りを超えて実現した住民目線。これこそがあずまおさんの真骨頂であり、今後行政が目指すべき〝DX（デジタルトランスフォーメーション）〟の神髄ともいえます。

また、地域の一般診療所の所在も一覧できるようになっています。診療科や病床の有無によらず、地域の医療資源を網羅したあずまおさんの視点は、国の政策の先を行くものと受け止めています。国は2025年を目標に、自治体が地域包括ケアを推進することを義務付けました。ただしその主役は介護であり、自治体の政策の対象となる医療は、在宅医療を担う診療所と、それを支援する病院でした。病床を持たず外来診療のみを行う一般診療所は、病床や医療機能を配分する都道府県の政策対象ではありませんし、多くの基礎自治体にとっても、医療に関わる政策とは救急医療や地域や学校の検診等を担う医師会との協力関係でした。個々の診療所に目を向ける必要がほとんどない基礎自治体にありながら、あずまおさんは、病院というピンポイントではなく、個々の診療所が形作る面として、地域の医療を捉えようとしたのです。

地域を面で捉え、そこに存在する個々の医療機関の機能を明確にし、切れ目のない連携を実現するという考え方は、地域包括ケアでも、地域の医療圏を対象とした地域医療構想でも、採用されています。今後、何らかの持病を管理しながら日常生活を送る高齢者の増加に対応し、限られた医療資源を有効に機能させるためには、必要な医療政策です。いち早くその考え方を自らの自治体に当てはめて、医療資源の分布を眺めたあずまおさんの政治家としての慧眼には、感服するばかりです。

そして今、新型コロナ感染症の感染拡大の経験を経て、一般診療所が果たす、かかりつけ医機能の在り方が問われています。今後の新たな感染症への対応を考える上で、予防接種、発熱外来、在宅療養支援の担い手として、これまで以上に個々の医療機関がどのような機能を果たせるのか、それらを把握し、調整にあたる権限を基礎自治体にゆだねるべきでしょう。

あずまおさんはこのような国の政策の議論を、深く理解しておられます。ぜひ、これまでの〝見える化〟を基礎としたEBPM（Evidence Based Policy Making）に取り組み、コロナ後の地域医療の再構築に力を発揮していただきたいと思います。

加えて、新型コロナウイルス感染症の感染拡大を通じて、我が国のDXの遅れは、もはや後進国といわれるレベルにあることが明白になりました。診療所がファックスで届け出る患者発生届は、都道府県での打ち込み処理が追いつかず、国が迅速な判断を行う上で大きな課題となりました。患者情報の集約から療養調整まで、保健所の担う役割はあまりに過大で、臨時的なマンパワー補充をもってしても機能不全に陥りました。この感染拡大の時期、発症して検査や発熱外来を探すのにも、受検・受診の予約を取るのも、大変な時間と労力を費やした方が多かったことでしょう。さまざまな手続きのデジタル化が、これらの負担を軽減してくれることは間違いありません。

ただ、真に求められるのは単なる手続きのデジタル化にとどまらず、そもそもその手続きは必要なのか？を根底から問い直す視点です。複数の部署にまたがる手続きや書式など、組織の縦割りやこだわり、組織の在り方そのものから見直すという決断がDXには必要なのです。今後デジタル庁は、行政手続きの一元化や、部署を超えた情報連携の実現に適した、地方自治体向け情報基盤を提供します。これを真に活用するためには、あずまおさんの貫く〝住民目線〟が極めて重要なのです。

あずまおさんは、情報を掘り起こし、地域資源を深く広く把握し、行政の非効率や地域の課題を乗り超えていく力を持った人です。新たなテクノロジーの可能性を理解し、住民と行政の負担軽減を前提とした〝組織の組み替え〟も辞さない、大胆な発想の転換の機動力となっていただくことを、大いに期待しています。

3 地図で描く未来

第6章　四つの思考が描き出すもの

エイリアンの視点

学校や職場などで、視点の切り替えが大事だとよく言われる。しかし、具体的にどうすればいいのかわからない、その感覚が掴めないという方も多いのではないだろうか。

街づくりで重要とされる『よそ者・若者・バカ者』。これは「若者」のように新鮮で、「バカ者」のように常識にとらわれない発想。そして「よそ者」は私が異国の地で覚えた「エイリアンの視点」そのものである。

日本に来た外国人が電線や電柱を見て魅力を感じたり、これまでと変わらない街並みがアニメで描かれた途端に聖地として大勢のファンを惹きつけたり。その風景に慣れ親しんだ地元の人ではなかなか見いだせない価値をエイリアンの視点を持つ「よそ者」が気づかせてくれた事例は数多く存在する。

また価値だけではなく、何も問題ないと思っていたことが実は危険だとわかったり、問題だらけで前に進めないときに、視点を変えることで解決策が見えてくる場合もあるだろう。

このようにいつもとは違う視点で物事を捉える、つまり視点を切り替えることで、ある種の思い込みから解放され、自分の立ち位置が明確になったり、小さな変化に気づいたり、新しい価値が顕在化するといったメリットが生まれる。

幼い頃から地図が好きで、地図で見た街を実際に歩きながら、見え方の違いを楽しんでいた私は、特に意識もせず多角的な視点で物事を捉えることが習慣になっていた。

では、そうした「エイリアンの視点」に立つにはどうすればいいのか。

土台となるのが、５章で述べた地理情報科学で培われた四つの思考だ。

①俯瞰とあおり

②レイヤー

③縦軸
④縮尺

私の場合は、もともと持ち合わせていたエイリアンの視点が、これら四つの思考とぴったり結びつき、地理情報科学の学びを深めることができた。

裏を返せば、四つの思考を身につけると、いつもとは違う物事の見方（エイリアンの視点）が備わることになる。

スタートは、すべての物事において自分の中に芽生えた違和感を大切にし、「なに」「どうして」「どうしたい」と問い続けること。

そして、違和感の正体をあぶり出し、「なに」「どうして」「どうしたい」を解決するために、四つの思考それぞれの角度から考えてみる。すると新しい何かが浮かび上がり、答えのヒントがもたらされ、少し先に訪れる未来が変わる。

私たちの生活において、地図の上にどんな未来を描くのか。

さっそくエイリアンの視点で眺めてみよう。

座標軸

国土交通省が進めている市街地再開発事業。

これは都市における土地の合理的かつ健全な高度利用と都市機能の更新を図るのが目的なのだが、そもそも予算ありきで事業をおこなうと、過剰に投資してしまい、その土地にそぐわない建物が出来上がることも往々にしてある。

だからこそ、やりすぎ感や違和感を見逃さないことが肝心で、適正なバランスをしっかり見極められ、みんなで共有できる「価値基準」が必要になる。

ラストワンマイルという経済学のテーマがある。

わかりやすい例を挙げると、スマートフォンがこれだけ普及している今の時代に、公衆電話はどこまで設置するべきか、といった課題だ。

たとえば都市部の場合、災害時に通信障害が発生する恐れもあるので、公衆電話をしかるべき場所にそれなりの台数を設置するのは納得できるだろう。

では郊外の場合はどうか。人出の多い駅前ならまだしも、人口や利用者数などを鑑みると〝しかるべき場所〟を判断するのが難しい。しかも都市部から離れるにつれてコストが増大するので、どこで線を引くか悩みどころである。

それでも公衆電話を設置するのか、あるいは未来思考で人工衛星を飛ばすべきか、はたまたスマートフォン端末を全員に配るべきか。

ラストワンマイルの判断を下すにも、やはり「価値基準」が必要なのだ。

医療・介護福祉にも同じことがいえる。

たとえば指定難病の方がいる場合、行政として最大限ケアするのは当然であるが、50万人に1人という希少な疾病に1億円かけて医療体制を整備すべきか、それとも同じ1億円を中級で患者数の多い疾病への対策にかけるべきか。双方を救うにはどうするか。心情だけでは決断できない、広範で検討しなくてはならない課題が発生する。

価値観は人それぞれ自由であっていい。しかし自治体としては限られた予算をどのように使うか、さまざま場面で政治判断が求められるわけで、その「価値」の判断基準となり得るもの――それがツールとしての地図なのだ。

目の前の問題だけを凝視せず、俯瞰すること。
何となくを大切にすること。
そして、目に見える形で表現すること。

これによって、皆に共通する「価値基準の座標軸」があらわれる。

もちろん最先端の技術を駆使したＢＩ（ビジネス・インテリジェンス）ツールでも複雑な情報を可視化することはできる。
しかし、政策の是非を判断するのに、行政側や専門家でなければ理解できないほど高度すぎるツールでは意味がない。住民の理解を得て政策を実現するためには、住民にとってもわかりやすいことが重要であり、古典的でなじみのある地図こそ直感的に伝わりやすい。

15年ほど前に話題に上った市町村合併や道州制についても、議論のための重要な土台は地図で表現されていた。

私に〝ツールとしての地図〟をもたらしてくれた黒川先生は、２０００年代初頭、日本の政治システムをより合理的に効率化し地域主導型の国家にしていくために、「２層の広域連携」という国土計画論を主張された。

下の地図を見てほしい。人口10万人都市の中心と隣の都市の中心とを特急列車や高速道路を使わずに移動して１時間以内で行けるとき、その範囲を一つの都市地域と考える。そうすると、日本は全体として82の都市地域に分かれる。

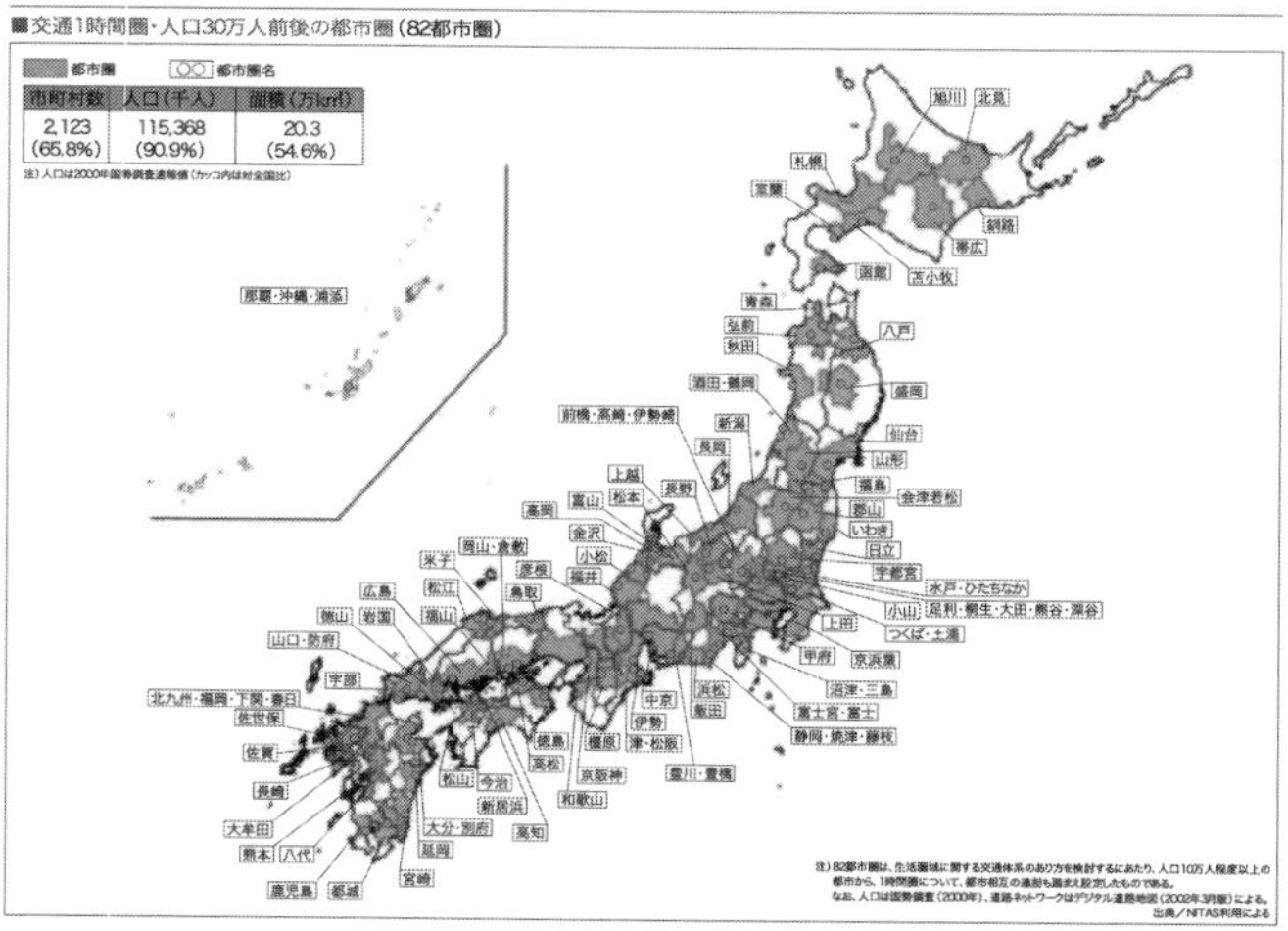

交通１時間圏・人口30万人前後の都市圏（82都市圏）出典元：新しい国のかたち『二層の広域圏』交通体系の視点からの提案の中間報告（国土交通省）

実はこの82の都市地域の中に全人口の94％が含まれている。

一般に「東京一極集中」といわれるが、よくよく調べてみると、94％の国民が医療・教育・介護・雇用など日常生活に必要なものに1時間以内でたどり着けることがわかる。いわば、ほとんどの人たちが自分の住む自治体および周辺自治体で生活がまかなえるということ。それを地図で示したのが私の恩師である黒川先生だ。

こうした視点で考えると興味深い発想が生まれる。

九州とオランダは土地面積、人口規模、GDPがほぼ同じ。ならばオランダが誇る世界企業、たとえばフィリップス、シェル、ハイネケン、ユニリーバのような会社が九州発で同数あっても何の不思議もない。九州選抜サッカーチームだけでワールドカップ上位を狙ってもおかしくない。九州経済圏でどうどうと世界に打って出られるのだ。

楽しいとは、伝えたいことが伝わること。

このように、いくつもの観点から物事を見つめてみたり、当たり前を違うアプローチから分析してみたり、エイリアンの視点で社会を眺めるのは、やはり楽しい。街づくりに夢や希望が持てるようになる。

行政に携わる日々の中で、難しい政治判断を迫られる場面もたくさんあるが、そこで必要とされる「価値基準」とは、まさしくツールとしての地図が示してくれる「座標軸」にほかならないと私は思う。

未来をソウゾウする

2年後、5年後、10年後——。

私が未来を思い描くときに目安とする年数である。

なぜこの数字なのか。理由として、ちょうど語呂が良いからというのが半分、もう半分はちゃんとした根拠がある。

地方自治体において、たとえばある政策をおこなうことが今年決まったとする。翌年にそのための予算を組んで計上し、翌々年になってから実際に施策がスタートする。つまり、決定した政策を実現するまでにかかる最短の期間が２年。緊急性など余程の事情がない限り単年では実現しない。

ブレのない中期的な視野をもった行政運営を行うためには、福祉や交通、住宅などの方針に関する「○○プラン」や「○○計画」という計画を作成する。これは法律や条例で作成が義務化されているものも多く、３年～５年での見直しが規定されている。

なにより、この計画モノに文章として書き込まれたことはやらねばならない。逆に、記載されていなければ実現はかなり難しい。

そして、自治体として一番の基礎となる基本構想や基本計画を定める周期が10年に一度。身近なところでは、街中で見かける『未来をはぐくむ緑と文化のかがやくまち〝板橋〟』などの自治体で掲出される標語も、10年ごとに更新されることが多い。

2年（短期）　政策決定から実行までの最短期間
5年（中期）　各種プランや白書、計画にのっとり、実現を目指す
10年（長期）　自治体の大きな基本構想を定める

こうして2年後、5年後、10年後の未来を見据えながら行政は予算を組み、政治家は政策を練るわけだが、それだけで街が変わるものではない。

最も影響力をもつのは、4章でもお伝えした、人が動くタイミング、人口移動である。統計的に、全国自治体おける人の移動は以下の年齢タイミングで発生している。

0歳　誕生
6歳　小学校入学
18歳　大学進学
22歳　就職

30歳前後　結婚・出産

さまざまな人生の節目で、多くの人が転居を経験する。
結婚や子育て、介護などによって、さらに生活環境が目まぐるしく変わることも珍しくないが、おおよそ45歳くらいまでには「終《つい》の棲家《すみか》」が決まる。

昨今の研究によれば、人口５万人以上の都市はこのタイミングでの移動の大小によって、六つにグループ化することができる。

・学生の集まるまち
・成熟したまち
・子育て世帯の集まるまち
・巣立ちのまち
・働くまち
・多くの世代の集まるまち

（出典：デジタル庁 LWC指標、一般社団法人スマートシティ・インスティチュート）

人が動けば街も変わる。

街を構成するのは、そこで暮らす人々だ。

多種多様なリアルな生活の姿を浮かび上がらせなければ、血が通った政策はつくれない。だからこそ私は、2年後、5年後、10年後に街（地域）がどうなっているかを予測するため、どんな住民が、どの地域で、どんなライフスタイルで暮らしているか、地図の上で照らし合わせることを大切にしている。

夜景に輝く街並みの窓のひとつひとつに、ひとりひとりの人生がある。未来を想像することが、未来の創造につながる。

一方で残念ながら、住民ひとりひとりのライフスタイルと各種施策を具体的にひもづける作業は、まだ一般的ではない。いくら多様性の時代とはいっても、そこまでオーダーメイドな行政を実行することは現実的ではなかった。ではどうすれば、ソウゾウした未来を地図を用いて行政に反映できるのか。

未来像の実現 ～政策への転換

ソウゾウした未来を実際に形にするには具体的な政策が必要だ。それには、まずは「大地」「ひと」「都市機能」、この３分野の基礎情報を載せたベースマップ（基礎地図）を作成することから始まる。

そして、人の移動を年単位の長期的スパンだけではなく、１日のうちでの人流データを見ることである。

たとえとして正しいかどうかわからないが、お月様でいうところの自転と公転。年較差と日較差の両方を軸として持つことだ。

基礎情報をレイヤー化したベースマップの作成については、私の公式サイト（azumao.com および、地図情報サイト「あずまっぷ」）を参照していただくとして、説明はここでは割愛したい。

人流データを用いた政策への転換事例を一つご紹介する。

新型コロナウイルスによる緊急事態宣言中において、Agoop社が公開した日毎の人流データによると、近現代の歴史においておそらく初めて、ＪＲ板橋駅前の人出が、新宿駅前や渋谷駅前を超えた瞬間を確認した。

行動自粛によってゴーストタウン化した繁華街に対し、地元住民による必要最低限の買い出しやエッセンシャルワーカーの通勤が多かったことが、地図上に濃淡で表されたのだ。

この現象から、いったい何が読み取れるだろう。

緊急事態宣言下にもかかわらず、ある道路は人の動きが活発だった。

ということは、政治の目で見たとき、どんな状況でも一定数の人がいるわけだから、この生活道路は災害時の緊急路として常に管理しておかなければいけない。

これが地図を活かした政策への転換の一例である。

現在は、費用面、技術面ともに、この「パーソントリップ」と呼ばれる人流データを行政で常時活用できる体制はまだまだ整っていない。昼夜間人口や移動の向きも含め、より細かい「ひとの動き」を把握することが政策判断へのツールとして必須となってくると考える。

墨の一滴

個性的な色づけに成功した街がある。

群馬県桐生市。シャッター商店街だった地域に、地元に根付いた老舗セレクトショップが移転したのをきっかけに、県内外から洋服好きの若者が訪れるようになった。

もともと地元出身デザイナーが手がける有名ブランドの品揃えが豊富なことで知られていたのだが、移転後にさまざまなイベントを通してファンをつくり、地域のファッション文化を醸成。ＩターンやＵターンでライフスタイルショップやカードゲーム店を開く人も出てきて新しい店が増えていき、次第に地域が活性化されたという。

東京の代官山がお洒落な街として広く知られるようになったのも、ファッションカルチャーを牽引するいくつかのショップが起点だったようだ。


ほかにも、とげぬき地蔵で有名な巣鴨の商店街に高齢者が多く集うようになったのは、特になにか仕掛けたわけではなく偶然の要素が大きかった、と大学院の授業で聞いた。

商店街の一番奥に位置するとげぬき地蔵にたどり着く手前にある、とある商店に並べた赤いパンツが大流行し、さらに大勢の人が集まるようになったとか。


墨の一滴で生まれ変わる街。

その多くはあくまで偶発的に起きたもので、意図的に成功させるのは相当難しい。しかし、狙って成功した事例も中にはある。


香川県高松市の丸亀町商店街。

バブル経済の終焉とともに、日本各地の商店街と同じく活気を失ってしまったが、大胆な再開発により事態はみるみる好転していった。

商店街が掲げた再生のテーマは「衣・食・住」。

地域住民の高齢化を鑑み、彼らの生活に欠かせない医療、食事、住居を整備して、半径500メートルの生活圏域にすべて収める「コンパクトシティ」を実現させた。商店街を経済活動の場として捉えるのではなく、暮らしという概念で見直す手法が地域性にフィットしたのだ。

また、新しく作られたアーケード街はデザイン性も高く、若い人たちも足を運

丸亀町商店街のアーケード

ぶようになった。

こうした丸亀町商店街の取り組みは大きな注目を集め、さまざまな自治体が視察に訪れるという。


行政は、住民に説明する義務を負っている。

ツールとしての地図を用いて、目に見える形でわかりやすく「座標軸」を伝え、価値基準を共有することで、一緒に未来をソウゾウしてもらう。

それによってエイリアンの視点を持つ人々が、地域のポテンシャルに気づく機会を行政として提供できるかもしれない。


自治体の持つ行政データの8割は、地理情報（＝住所）にひもづけられるといわれる。だからこそ、地図としての見せ方にも、それなりの工夫が必要だろうと私は思う。グラフのビジュアルにこだわったり、建物を3D化したり、住民をアバターにして登場させたり。

メタバース（3次元の仮想空間）はよりゲーム感覚に。身長160センチの人間を、

１６０メートルの設定にして登場させたら、ゴジラの視点になる。そうすると街中を闊歩したつもりが、都市を破壊し尽くす被害が発生。この被害を最小限に食い止めるための都市設計とは……うん、嫌いじゃない。

古典的な地図がＤＸ化されたとき、どんな地域や街が見えてくるか楽しみだ。

3　地図で描く未来

第7章　地図から政策へ

地理情報科学で用いられる四つの思考。それらが日常生活において活かせることをこれまでお伝えしてきたが、第7章では私が実際におこなってきた取り組みをもとに、板橋区を例にして、地勢と政策を地図上で結ぶ事例をいくつか紹介していきたい。

政策① 防災【川と大地と信仰】

地図で描きだす過去・現在・未来。それを地域の政策へ転換する際に最もイメージしやすいのは防災であろうか。

一般的に防災計画といえば、地震は倒壊、火災など地震被害に関すること。台風は河川氾濫、内水氾濫、強風など主に水害に関すること。それらの被害に直接関係する事象についてのデータを集めて対策を講じる。強靭な国土を形成してこそ、安定した社会が実現するというのが基本方針だ。

これはたしかに当たり前なことなのだが、地震も台風も過去数千年のうちには数えきれないほどの被害を起こしてきただろうし、それを乗り越えてきた大地の上で現代の私たちは歴史を紡いでいる。

であるならば、国土の強靭さはすでに、どこか他のレイヤーにあらわれているのではないか？

ここでは、アプローチを逆にして、ジャンルの異なる歴史や文化や産業というレイヤーを重ねたのちに、防災について考えていきたいと思う。

イタハシの語源

私の地元、板橋区の発展は、信仰と深く結びついている。

そのことは関東平野の歴史、つまり縦軸の見方でひもといてみればよくわかる。

東京湾の水位は数千年単位で上下動を繰り返しているのだが、約6000年前の荒川は今よりも水位が高く、関東平野の内陸まで〝奥東京湾〟が入り込んでいた。当時の人々は、私たちが想像するよりはるかに多く船で行き来をし、相当距離のある集落同士で交流がおこなわれていた。

奥東京湾を北進する際、船はだいたい今の港区愛宕山《あたごやま》あたりから荒川河口へ入り、岸沿いに遡上していた。彼らの目指す先は埼玉県の大宮。日本屈指の古社で「大いなる宮居」として知られる氷川神社の地が、（おそらく、「氷川神社」と名のつくはるか昔から）関東一円の信仰を集めていたようだ。


大宮へ向かう途中にあらわれる、船から見上げる崖の上の台地「イタハシ」は、武蔵野台地の北限、今の荒川右岸に位置する。

この地には、旧石器時代から始まって、縄文時代、弥生時代、古墳時代と長い年月にわたり、人々の豊かな暮らしがあった。


ちなみに「イタハシ」の語源は、一般には江戸時代に石神井川にかかっていた木製の板の橋から名がついたといわれているが、江戸期の前からこの地名は存在している。『延慶平家物語』や『義経記』には、すでにイタハシという記載がある。

『市町村名語源辞典』によると「イタ」とは台地や河岸のことであり、川から見上げた武蔵野台地「イタ」の「ハシ（端）」にあるから、「イタ・ハシ」ということだが、私の考えはさらにもう少し違っていて、「ハ（端）」にある「シ（人が集まる市）」ということで、「イタハ・シ」と呼ばれるようになったのではないだろうか。

これは推測だが、武蔵野台地の北端であるイタハシが定住地として選ばれていたのは、現在の北区赤羽山八幡（下の地図の四角で囲んだ箇所）に海流がぶつかることから流れが穏やかで、船を停泊しやすい地形であったからであろう。

現に、何本か入り込んでいく支流のほとりには、旧石器、縄文、弥生各時代の遺跡や貝塚が大量にあり、徳丸北野神社、赤塚諏訪神社、成増菅原神社、西台天祖神社、志村熊野神社、小豆沢神社と挙げれ

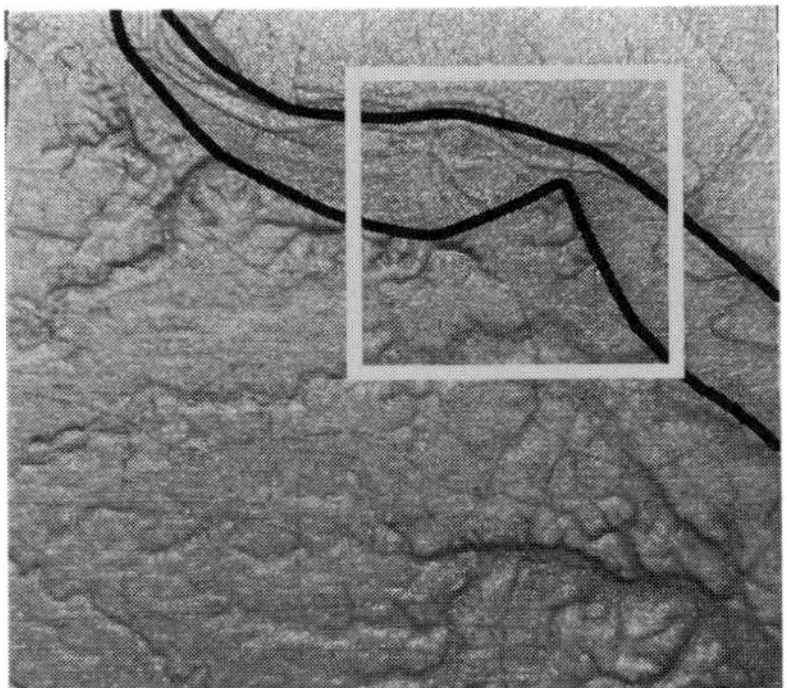

荒川河川域と板橋区の地形を３Ｄプリンターで出力したもの

ばきりがないほど区内多くの神社がこの流れに沿った崖の端に建っている。数千年前の時代からそれぞれが神聖な場所であり、人が暮らしていたのだと推測される。

死んだ人を弔《とむら》ったり、食べた獲物の骨を捨てたり、儀式のための社を建造したり。

人が集まれば、そこに信仰が生まれる。

そんな数千年前の営みが、地名や埋葬品、遺跡群として、現在もなお目に見える形で受け継がれている。もしもイタハシが南向きの位置にあったのなら、近現代に入って宅地開発が進み、太古の痕跡を留めていなかっただろう。

海と川と、台地と大地。人の暮らしと信仰。

荒川河川域と板橋に存在する神社（▲）

イタハシという地軸で数千年の歴史と今を重ねると、何となくの不思議が見えてくる。不思議といえば、若干横道に話題は逸れるが、先ほど挙げた神社のうち、特に現在の徳丸、赤塚、成増にある社の位置をよく見ると、所在地点の標高が等しいばかりか、それぞれの距離間がおよそ７００メートルと等間隔になっている。極めて不思議であり、その意味を掘り下げてみたくなる。

文化と産業

板橋の地域文化もまた、荒川の変遷とともに広がった。水位によって、伝わる文化にも時期と場所で違いが出てくる。

私が子供の頃から活動を続けている郷土芸能・里神楽と獅子舞だが、板橋区内には大きく二つの舞の系統がある。

成増里神楽の獅子舞は南方の相模の国から伝わった相模流で、唐草模様の衣をまとい腰をかがめて、人ではなくネコ科の獅子として一人で舞う。いわゆる神楽系や伎楽系と呼ばれるもので、伝来は江戸期以降。

一方で隣町の赤塚と徳丸の獅子舞は北方伝来のものに多い形で、より擬人化されており、カラスの毛をまとった黒い衣装を身に着け、姿勢良く背筋を伸ばし太鼓を叩きながら舞う。角も生えており、獅子というより鹿に近い。風流系と呼ばれる三匹獅子である。

ネコ科の獅子舞はインドネシアのバリ島での伝統舞踊に出てくる神、バロンにそこはかとなく似ているし、シカ科の獅子は東北の郷土芸能で見かけることが多い。

せいぜい直線距離にして3キロメートルにも満たない間に、東南アジアで数百年かけて広まった郷土芸能を垣間見ることができる。

ちなみに、荒川を隔てた埼玉県戸田市の郷土芸能は、数千年前から近代に至るまで、荒川の水位が高くなったり低くなったりしながら、さまざまな文化が人々の往来によってもたらされ、それらがイタハシの地で合流して地域に根ざした風習として息づいている。

続いて、産業について見てみよう。

河川の存在は各時代の産業にも多大な影響を及ぼしてきた。

まずは工業。板橋区における明治維新以降の産業の歴史は、ＪＲ埼京線の王子駅と板橋駅の間に広がる旧加賀藩下屋敷跡地と、そこを流れる石神井川から始まった。下屋敷内を流れる石神井川からの分水を利用した水車を動力源として、板橋火薬製造所が建設された。武蔵野台地の丈夫な地盤のおかげで、関東大震災でも被害は軽微だった。そして第一次大戦下での特需も加わり、板橋区が軍事産業の一大集積地となっていく。火薬から始まって、化学、鉄鋼、光学と、関連する産業が順に展開していき、石神井川沿いに理化学研究所板橋分室が設けられた。ここで研究をされた湯川秀樹氏や朝永振一郎氏らが、後年にノーベル物理学賞を受賞した。

舟渡４丁目の舟渡水辺公園には新河岸川の分水跡がある。この地に新日鐵東日本製造所の工場があった名残だ。ここから精製した鉄鋼を船に積んで運び出していたそうだ。

近代においては、昭和30年あたりから、志村～新河岸川一帯にかけて製本と印刷業が盛んになった。河口から資材を運搬するのに便利で、活版の鉛《なまり》に使う水を川から調達できたため、まさに地形を活かした産業といえる。

実は菅義偉前総理が秋田から単身東京に出てきて初めて働いたのは、この地域の段ボール工場だったそうだ。若い労働力が地方から大量に流入していた時代である。


さらにさかのぼって江戸時代を見てみよう。

江戸幕府の始まりによって急激に人口が増えていった当時、食糧は最も重要な出荷品であった。どれだけ豊富な種類を江戸の城下町へ提供できるか、米と違って日持ちしない葉物野菜をいかに新鮮な状態で届けられるか、それが大きな課題だった。

武蔵野台地の土は関東ローム層で、本来は農作物の生産に向いておらず、多摩地域や埼玉南部では特に開墾に苦労したという。

武蔵野台地の北端で、河川があり水が豊富だったイタハシでは、川越街道沿いを中心に開墾が進み、野菜の一大生産地にしたのである。

ちなみに、隣接する滝野川には農作物の種屋街道があり、参勤交代で大名が江戸城から中山道を通って領地に戻る際には、新しい野菜の種を買って各地へ持ち帰っていたという。

伝統野菜として知られる「滝野川ごぼう」はこのとき広まったもので、現在全国で栽培されている品種の９割以上は滝野川ごぼうが元祖だそうだ。

もっとさかのぼると、遣隋使や遣唐使の時代には、大陸から絹織物が伝わるようになり、数百年間は養蚕《ようさん》業が続いていたようだ。

では未来の産業はどうか。

時代の大きな変化に合わせて多くの産業があらわれては消えていった板橋。今後を考える上では、縮尺を広げて、東京という広範における地域の在り方を鑑みなくてはならないし、付加価値の高い産業でなければ未来図は描きにくい。

未来に向けて私が目指すのは「人材の供給」だ。

優秀な人材が暮らし、その人たちが国内外を問わず世界を舞台に活躍するための素敵な居住空間。これを充実させることが、板橋の持つポテンシャルとして相応しいと思う。

つまり、板橋区民ひとりひとりの存在そのものが、高い付加価値を持つ資源であり、財産なのだ。

多様なライフスタイルが生まれている中、併せてテレワークが進んでいく時代でもあり、「働く場」と「暮らす場」の棲み分けはより融合していくだろう。そうであった場合、「働く時間」と「暮らす時間」の差別化は、より進んでいくのではないか。同様に、学びの形と場所も変わっていくだろう。

都心のオフィス街へ働きに出ていても、すぐに帰ってきたくなる街。もっといえば、板橋区に最高のサテライトオフィスがあり、子供の学校のすぐ近くで働ける。

板橋区に世界最高レベルのスポーツデータサイエンスラボがあって、オリンピック・パラリンピックのあらゆる種目が体験できる。小中学校の体育はトップアスリートから指導される……。

人材の集結と供給は、あらゆる夢を実現できる力となるのだ。

人々を育て、仕事を終えたら安らぐことのできる地域。地理的に見て、そのバランスを取るのに板橋は最適な地域だといえる。だからこそ、居住環境を大切にし、暮らしのクオリティを高める必要があるのだ。

意外なヒント

ここで、ようやく防災に戻る。

歴史、文化、産業のレイヤーを重ねて見えてきたもの。人はなぜそこに集うのか、なぜ暮らしの痕跡を未だ留めているのか。

それは――「安全」だからだ。

数千年前から水害が起きていない地域は、この先も起こらない可能性が極めて高い。文化や産業が長い年月にわたり盛んだったところは地盤が強固だし、水害にも強い。反対に、歴史的な遺構や人の暮らしの痕跡がまったくない地域には、きっと何かがある。

これはつまり、防災そのものである。

もし大雨に見舞われて水位が急激に上がったとしても、この地形なら大丈夫とか、この地域は危ないなど、過去の経験則から現在の浸水想定を導き出せる。

たとえば、私が住む成増周辺で見たとき、過去の浸水履歴のレイヤーを重ねると神社が建つエリアでは浸水被害が起きていないことがわかった。前述したように、700メートル間隔で残る人の営みの中心に社があったことが見てとれる。

当時の人々が経験則から導き出した〝安全な場所〟は、数千年を経た現在でも変わらない。もしくは、安全な場所は数千年前の遺構でも残るのか。いずれにせよ、このどちらかである。

特に近年の自然災害は、「50年ぶりの○○」などとなることが多く、直近のデータだけでは予測が難しい。少なくとも100年単位での過去のさかのぼりが必要になる。

雨の通る道。地震の走る道。これまで見てきた「地勢」は、人智を超えて地面を通して私たちに語りかけてくれる。これが私にとっての防災基本指針ともいえる。

関東平野での防災計画を数千年単位で考える人間は、めずらしいかもしれない。しかし、イスタンブルで数千年前を生き抜いてきた遺跡を毎日のように目にしてきたもので、それほど特別なこととは感じない。

いずれにせよ、防災を考えるときには、地域の地図の上に歴史、文化、産業のレイヤーを重ね、そのレイヤーを縦軸で深掘りしていくことが欠かせない。

川と大地と信仰から防災を考える。

我々の身近なところに意外なヒントが眠っていたりするので、それを念頭に置いてあらためて地図を眺めてみると、それまでと何か違う見え方ができるかもしれない。人の暮らしに安全性は欠かせないものだから。

余談だが、去年、私の自宅から100メートル先にあった畑が相続を機に造成されたのだが、そこから約1700年前、古墳時代の埴輪《はにわ》が出てきた。

ここに古墳時代の遺構があったことは地理情報から知っていたが、まさか、である。

朱い墨で色づけされた人型タイプで、人型が板橋で発見されたのは初めて。関東でも数例しか報告されていないという。

ただ、そこからさらに300メートル先の別の場所で、その前の週に約6000年ほど前の縄文時代の土器が出土して、「新築物件が作れない、困った」という陳情を受けていたこともあり、「埴輪さん、まだお若い」とも感じてしまった。

どちらの土地も、安全安心超長期保証の土地であることは間違いない。

出土した土器

政策②　地域課題【地域カルテ】

人が動く範囲

普段から地図を活用した政策を考えたり、街の状況を眺めたりしていて、私なりに気づいたことがある。

東京23区内での人の生活圏域は、ほぼ小学校区に等しい。

半径３００～５００メートル、徒歩10分以内の範囲で大半の人は日常生活をしていて、駅やバス停などなにかしらの公共交通機関にたどり着けるのだ。おおよその暮らしがまかなえる「近所」という距離感が、ちょうど小学校区と同じ大きさなのである。

民間企業や医療機関などは、エリアマーケティングで地域を見極めて出店計画を立てるのが当たり前かと思う。コンビニもコーヒースタンドも牛丼チェーンも、ＧＩＳで地域の顧客をリサーチしている。

一方で行政には、住民と地域をマーケティングするといった概念がほとんどない。

再開発事業にあたっての特定地域内エリアマネジメント調査を行うことはあっても、日常から定期的に自治体住民の詳細な情勢調査、たとえば暮らしやすさや生活基盤、住民の意識意向などを定点観測しようとする意識は乏しい。

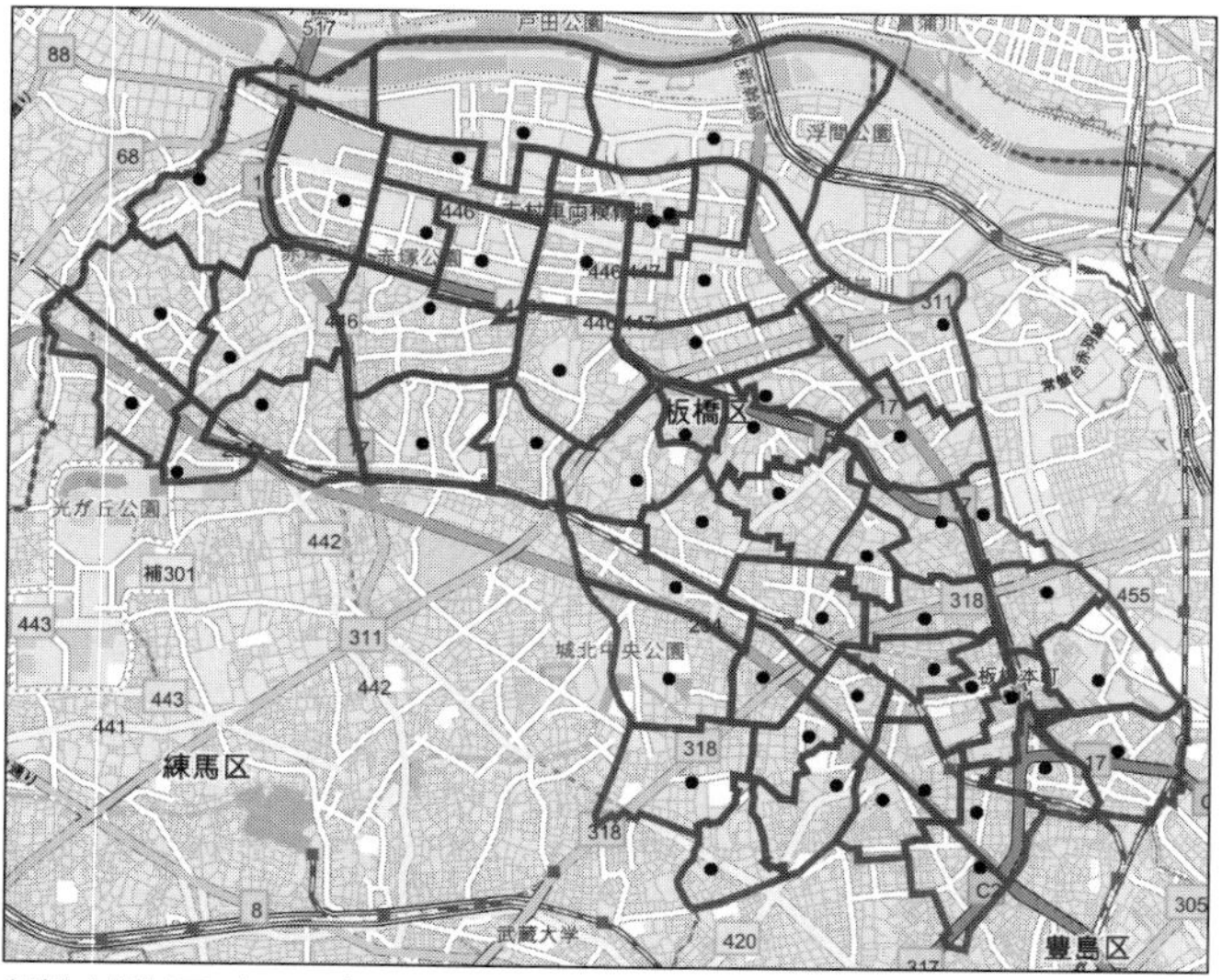

板橋小学校区（オープンストリートマップをもとに作成）ⓒ OpenStreetMap contributors

板橋区では区民意識意向調査というものを実施しているが、２年に一度。エリア分けも五つしかない。

地域を知るには、人を知ること。
人を知るには、ライフスタイルを把握すること。
それにはまず、生活圏域の最小単位である小学校区に注目することだ。

157ページでお伝えした「大地」「ひと」「都市機能」のレイヤーを重ねたベースマップを作成する意図はこの点にある。地域の特徴が可視化されるのだ。
たとえば、地方から上京してきた学生などの単身者が多く住むところがあったり、家族世帯でも若年層と高齢層に分かれていたり。暮らしている人の特徴が、小学校区ごとにとてもよくあらわれていることがわかる。

ならば政策も小学校区ごとで考えてみてはどうか。そこで私は「地域カルテ」を作成した。地域カルテという言葉と取り組み自体は、私のオリジナルではなく、わずかではあるが、ほかの自治体ですでに行われてきたものだ。

しかし、東京23区で、小学校区の単位での住民の生活に目を向けて、リアリティのある表現で、自分の手で、地図ベースで、というのはほかにはない。

だからこそ作ってみたくなった。

「必要に迫られて」でなくて、単に「きっと役立つから自分で作りたい！」となったのも、我が事ながらやはり私らしい。

地域の特徴とは

地図で地域の状況を読み解くとき、ベースマップにどんなレイヤーを重ねるかがポイントだ。縦軸の「歴史」「地形（過去からの変遷）」と、「世代構成」を合わせるだけで、その地域が抱えている最小限の課題や特性が浮かび上がる。

たとえば板橋区赤塚3、4、5丁目の地域の場合、「歴史」のレイヤーを重ねると、赤塚と三園の境に位置する崖は武蔵野台地の北限で貝塚があり、手前の赤塚城跡に人が集まって文化が栄えていたことがわかる。

「地形」のレイヤーからは、中央がスリバチ地形で歩きづらく、ゲリラ豪雨対策や夜間照明の整備が急務であることが見てとれる。

「世代構成」のレイヤーでは、豊かな環境で赤塚小学校の子どもたちが伸び伸びと育ち、高齢化率はわりと低い様子が見えてくる。

　これらの情報から、赤塚3、4、5丁目は〝歴史は古いが若者の多い地域〟であることが読みとれる。

❶ 意外な事実！ 貝塚や化石が眠ってる

赤塚と三園の境にあった崖はかつて『成増大露頭』と呼ばれ、貝塚や化石がゴロゴロ。教科書にも載っていたほど。

❷ 赤塚城跡＆ため池周辺

外国人ツアー観光客の密かなスポットとして知られている。見慣れた景色も外国人にとっては最高の魅力。美術館、植物園、都会の自然という価値を海外に発信！

❸ 歩きやすい、まちを！

起伏に富んだスリバチ地形は急坂や細い道が多く、ゲリラ豪雨対策が急務。また、夜道でも女性や子どもが安心して歩けるような整備を。

❹ 赤塚小学校・赤塚体育館の連携

赤塚小学校の子どもたちを赤塚体育館で徹底指導。
体力・スポーツ能力を向上！

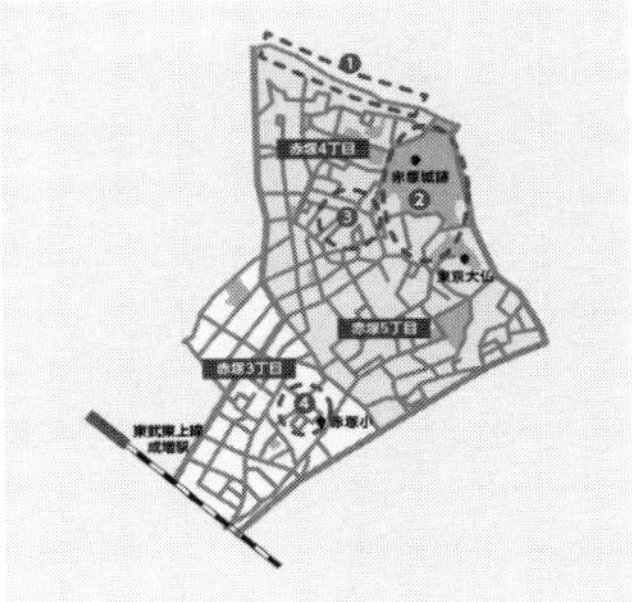

このエリアの特徴

豊かな緑と歴史絵巻
"武蔵野"の自然が残る地域。古くは弥生時代に大規模な集落が展開し、13世紀から15世紀にかけては関東一円で興った戦国武将の歴史物語の舞台となりました。

人口構成
学生や若い世代の一人暮らしが多く、高齢化率は20%以下と高くない。歴史は古いが暮らす人の層は若いまちです。

地域カルテ：赤塚３丁目・４丁目・５丁目

私が作成した地域カルテとは、こうした情報を地図上に落とし込み、地域の姿を表したものだ。歴史や交通、学校の切り口で見せると、その地域の特徴が伝わりやすく、想像しやすくなる。

では、そのほかの板橋区の地域カルテを例に、具体的に見ていこう。

私の地元、成増。東武東上線成増駅の北側となる3丁目には、数千年前から集落があり、奈良時代に大陸から伝わった生糸産業が盛んだった。

童歌『ずいずいずっころばし』の由来とされる、今はなき瑞光寺があったとの逸話もある。

宅地造成により人口が増加傾向なので、成増ヶ丘小学校では教室が不足している。

25年前に完成した東武東上線成増駅北口のロータリーは、当時はタクシー利用者が多くなることを想定して計画されたのだが、実際には公共交通機関を利用する住民がほとんどなため、現在の利用状況に合わせて見直しが必要だろう。

① 郷土：綺麗な水の文化！

白子川沿いには、かつて豊富な清流で造る日本酒の酒蔵がありました。また日本の淡水マス養殖発祥の地でもあります。土地柄に愛着が湧く歴史を広めます。

② “食文化 DE 商店街”を盛り上げ！

うまい飯とうまい酒のPRは、賑わいをもたらします。チェーン店や携帯ショップが多いのはマーケティング調査目的、という説も。ならばこそ、成増から食文化の充実と発信を。

③ 教育日本一へ！

教育施設が多く密集。日本で最高峰の公立校をめざして、成増小学校は世界へ羽ばたくとき。ただしそれが【成増小だけ】【教育だけ】となってはダメ。医療・商業など他分野を含むライフスタイルも向上して、初めて自由が丘や吉祥寺に追いつけるのでは。

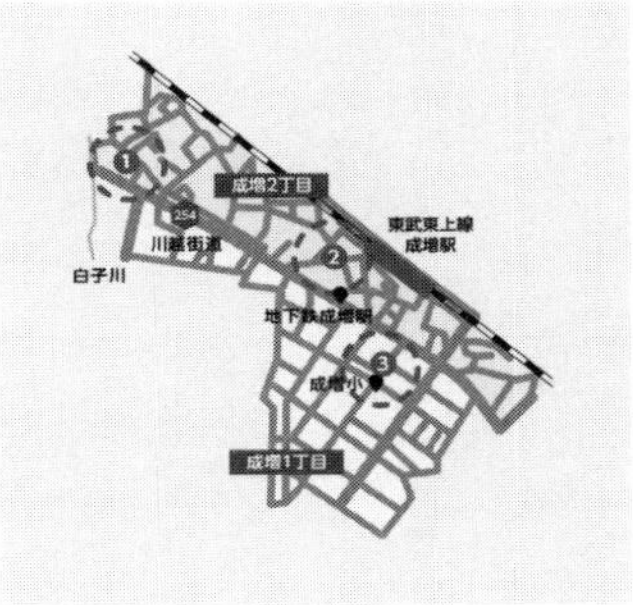

このエリアの特徴

暮らし
川越街道沿いには大型マンション、一歩入れば閑静な住宅街が広がります。副都心線の開通・延伸でさらに活性化が続き、所得層も上昇傾向です。

人口構成
駅北口と比べ20代の単身世帯は少なく、子育て家族世帯の流入が多い現状です。高齢化率は17%台とエリア有数の低さです。

地域カルテ：成増１丁目・２丁目

① 一聴の価値あり！成増の歴史物語

数千年前から集落があり、奈良時代には大陸伝来の生糸産業で大きな賑わい。ずずむき（暗渠の川）、ずうこう（北口商店街）など昔の地名の呼称も残り、今は無き「瑞光寺」があったという逸話も。

② 成増ヶ丘小学校・赤塚第二中学校

子どもが増加し続け、成増ヶ丘小学校の教室は不足がち。このままではパンクする可能性も。小中連携・一貫校化で、教室対策と区内最高の学力・教育を
目指します。赤二中の体育館も冷房化へ。

③ 北口ロータリーの大規模見直しを！

割れたタイル、バスのバス待ち、空いたタクシープール。完成から二十年経ち、ガタがきています。
成増の玄関口を今こそ歩きやすく、もっと使いやすく。
踏切含む周辺の安全再設計は急務。まずは、自転車駐輪場をすぐに増設します。

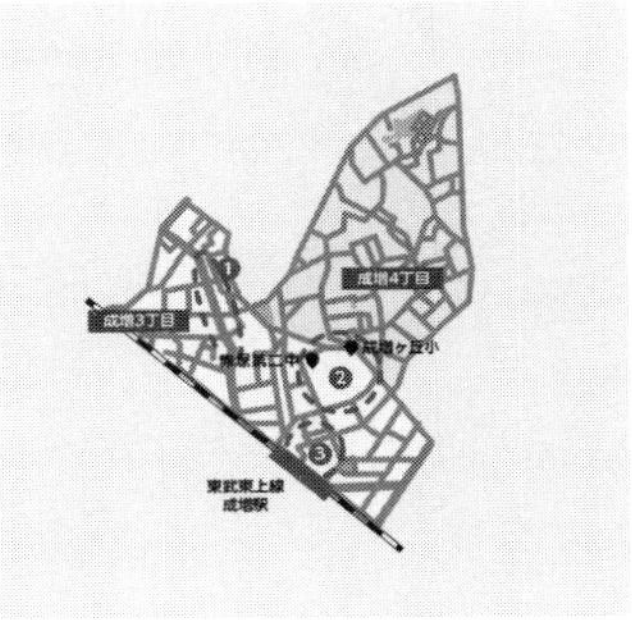

このエリアの特徴

歴史
旧石器時代の遺跡も出土し、古くから多くの人々が暮らしていました。また地域に残る地名や屋号などからも、中世の華やかな文化を読み解くことができます。

人口構成
こども・働き世代・お年寄りと、各世代がバランスよく増加している区内有数の居住エリア。インフラ、商業施設を充実させて単身の若者が「恋し結婚し親に」なっても住み続けてもらえるか、がポイント。

地域カルテ：成増３丁目・４丁目

一方、南側の2丁目に流れる白子川は日本の淡水マス養殖発祥の地であり、かつては清流を利用して日本酒が製造されていた。

鉄道でいうと、東武東上線成増駅は当初、川越街道沿いに設置する予定だったが、現在の場所に変更された。東武東上線と東京メトロ副都心線・有楽町線の成増駅に挟まれるエリアは、日本全国のさまざまなチェーン店がマーケティング調査をするほど、食文化が充実した商店街となっている。

また教育施設が密集している地域でもあり、成増小学校は日本で最高峰の公立校を目指して子どもたちが世界へ羽ばたけるよう力を注いでいる。

このようにベースマップ上にさまざまな情報のレイヤーを重ねたり外したりしながら、縦軸の思考で深く掘り下げて見ていくと、平面の地図が立体的に地域の姿を映し出すのだ。

地域の声

地域カルテを作る際には「大地」「ひと」「都市機能」を用いたベースマップが基になるわけだが、より精度を上げるには、これによって可視化される、土台となる「固定的特色」だけでなく、地域の色づけにあたる「施策的特色」を肌感覚で掴むことが、最も効果的な方法といえるだろう。

だから私は議員として、街の隅々まで歩き込み、地域の方々の声を聞いて回るよう日頃から心がけている。

そうすれば、地図だけではわからない実情にも触れられるのだ。

「地域力」といってもいいと思う。

こんな事例がある。

川越街道沿いに建つ大型マンション。

住居者の家族世帯は、子供が小学校に入るタイミングで流入してくる場合が多く、教育への関心が非常に高い。

そして夜間営業している成増駅前の繁華街。風紀が乱れるという意見がある一方で、深夜でも明るくて必ず誰かいる安心感があるとの声も聞かれる。

ある真夜中、ラーメン店の排水溝が詰まってしまい、マンホールから水が噴き出す大変な事件が起きた。しかし、人の目があったおかげでいち早く通報でき、翌朝には何事もなかったように復旧したのである。

またこの商店街は、オーナーが近くにいるのも特徴的だ。

店舗の様子や客の入りなど至るところに目が届くので良好な状態が常に保たれる。さらにファストフード店、携帯電話ショップ、ドラッグストアなど、時代を反映して次々と入れ替わるため、商店街の新陳代謝が促される側面も大きい。

ただ地図にレイヤーを重ねて眺めるだけではなく、自分の足で歩いて人々の暮らしを肌で感じる。トルコや英国で私自身がやってきたことだ。

地域の声に耳を傾ければ、どのレイヤーをベースマップに重ねれば、地域ごとの特色や課題が見えるようになるのかがわかる。

街の未来を描く上で必要なのは、地元住民の視点が8割、エイリアンの視点が2割。街づくりと蕎麦は2対8くらいがちょうど良いのかもしれない。

初めての街なのに、何となく居心地いい――。

他の街から訪れた人にこんなふうに感じてもらえるようになれば、それが、この地域に住みたいという思いへと繋がり、地域を維持していくことが可能になる。

イスタンブル留学中に感じた「何となく」を私は大切にしたいと思い続けてきた。やがて区議会議員になり、黒川先生に出会ったことで、「何となく」を明らかにする術を身につけることができた。

それを形にしたのが地域カルテである。

何となく居心地いい街を目指して、これからも地域の声を積極的に集めて、より地域に根ざした効果的な政策を策定していきたい。

政策③ 子育て・教育【興味関心を尊重する】

親の視点、子供の視点

子育てには、育てる側の親と、育てられる側の子供の二つの視点があると思う。行政として双方の視点に立ち、俯瞰した施策をどう講じるか。

地図のようなツールを使うと、得てして〝使うこと〟が目的となってしまうケースがある。誰のための施策なのかを見失わないためにも、「視点」を意識するのは重要だ。

まず親の視点、もしくは大人側の視点に立った取り組み事例を一つ紹介する。

メディアでも大きな話題となった待機児童問題。この解消に向けて、私が2011年に板橋区ではどこの保育園が入りやすいのかを地図で表したところ、とても好評で新聞の全国紙に掲載もされた。

このとき、各園の詳細な情報の掲載は「ここなら預けやすいと一部の特定園に申し込みが殺到して混乱が生じると推測される」とのことで、フワッとした地図の公開だけにとどめた。

情報公開をしてもいいのか、いけないのかの線引きの問題は、地図で見える化する際にしばしば発生する。

たとえば街歩き防災マップを作る際に「◯◯通りのブロック塀が不安」と記そうとしたら、所有者からお叱りを受けたことがある。水害履歴箇所をマークすると、近隣マンションの資産価値が落ちるから止めてほしいとの要望もくる。

情報公開基準、オープンかクローズドかの問題は、5章で書いたパレート最適化の議論と重なるものであり、パブリックとプライベートの問題にも似ている。

待機児童対策の基準は「誰かの利益を大きく損なうことなく、子供の居場所を確保すること」。今でも、これらのデータは毎年公開を続けていくべきだと考えているが、私にとっては、地図で見える化する影響の大きさを知る一つの教訓にもなった。

続いては、子供の視点で考えた取り組み。

「子供の視点で考える取り組みは大切だ」とはいっても、実行するのはなかなか難しい。

私も卒業した地元の小学校がある。

朝の通学時には集団登校をおこなっていたのだが、コロナ禍の影響もあり個別の登校へと切り替えることになった。

それまで大型マンションに暮らす児童が数十名の一団となって集団登校をしており、道いっぱいに広がって通学路を塞いでしまうといった弊害もあったため、切り替えにあたり特段大きな反対の声は聞かれなかった。

けれども、特に低学年の交通安全の質を落とすわけにもいかない。

そこで、ＰＴＡとして通学路の安全マップを作ることにした。

同校では、小学３年生が課外授業として、毎年、地域の街歩きをして自分たちなりの安全マップを作成していた。だったら思い切ってその地図を活かしてみよう、子供の視点そのものを地図化してみようということで、課外授業で作成した手描きの地図を私がデータ化して「つうがくろマップ」に仕上げた。

新入学生には、入学式の際に保護者に渡して、子供と一緒に通学

成増ヶ丘小学校つうがくろマップ

路を一度歩き、確認してもらうようにしている。

大人の目線で危険・安全を判断するのではなく、子供たち自身が危険を感じる場所はどこか。道路に飛び出してしまうような歩道はないか、交差点は見通しが良いか、狭くて暗い道はないか。

大人ではなかなか気づかない「子供目線」を子供たち自身で共有する。

現在は大人が入力をしているが、いずれは3年生が情報を集め、6年生がデータ入力、1年生が利用する、この循環を毎年続けていけるようにしたい。

子育て・教育の施策として、もう一つ。板橋区はイタリアのボローニャ市と友好都市交流協定を締結しており、絵本文化の醸成に取り組んでいる。

世界各国の絵本が図書館で読めたり、貴重な絵本原画を美術館で展示したり、イタリア語と英語の原著を日本語にする翻訳大賞を設けて優秀作品は出版をしたりと、絵本を中心とした内容はとても充実している。一方で、この素晴らしさは区民も含めてあまり知れわたっていない。

区立図書館で収集展示されている世界中の絵本を手にとってみると、国によって物語性や道徳感がまるで違うのが非常によくわかる。

民族性、文化や価値観の違いが絵本を通して伝わってくるので、現地に旅に出た気分になれる。

また、どの絵本も、ページをめくるたびに世界観が溢れ出てくる。わかりやすい絵と簡潔な文章からは、年齢、性別、国籍、人種を超えて普遍的に、伝えたいものが伝わるのだ。

こうした面白さを子供たちに紹介したい。自分が手にした絵本は、どんな人が

2022 年６月に開催された「イタリア・ボローニャ国際絵本原画展」に合わせて作成されたリーフレット

どんな気持ちで描いたのか。地球儀を眺めながら想像すると、自分とは違う国や地域に住む人々の暮らしに想いを馳せるように、きっとなる。それが多様性への理解に自然と繋がっていくだろう。

谷川俊太郎氏の『朝のリレー』の詩のようにグローバルな視点で、同じ時代に生きる同じ世代の子供たちが、地図上で絵本を通して繋がれば、有意義な政策になるはずだ。何らかの形で、絵本の世界地図を今後作っていこうと考えている。

同じテーブルにつく

政策立案について、EBPM（エビデンス・ベースト・ポリシー・メイキング）という言葉が近年用いられている。客観的データや数値に基づいて政策決定を行うというものだ。

行政の現場では、もちろんさまざまな数字を勘案して予算を決定するが、庁内での判断材料としてだけではなく、住民にその意図を伝えるための情報提供の手段として、「ダッシュボード」と呼ばれるツールが昨今利用され始めている。

身近なものでいえば、コロナ禍にテレビやネットで毎日のように映し出された、地域ごとの新型コロナ新規感染者数を表す、地図とグラフと数字をひとまとめにした一枚絵のようなもののことだ。

板橋区立学校では、地域による児童生徒数の偏在が拡大している。

一つの地域に大型マンションが一斉に建設され、児童数９００名を超える小学校がある一方で、40年前に建設された団地周辺では若い世帯が移り住まず、各学年１クラスしかない学校もある。

校舎を建て替える時期に合わせて人数が増えたり減ったりすれば、教室数や校庭の広さも対応できるのだが、なかなか思い通りにいくものではない。

ではいつ、どの学校から、どの規模で施設整備の検討を始めるのがベストか。

それには、周辺の宅地開発や人口推移など住宅政策を含めた見通しを立てなければならない。

また、小学校と中学校を一体化させた小中一貫校や、校長・教職員も一つの組織とする義務教育学校の制度も創設されている。小中9年間を切れ目ない教育環境にするために、地域によってはこちらを選択する方法もある。

このような選択をおこなう際には、多岐にわたるデータや数値情報を目に見える形にし、地域住民と行政が同じテーブルに並んで議論し合う必要がある。そのために私は「学校ダッシュボード」を作ることにした。

子供の多い地域だったのに年々減少しているとか、逆に増加傾向が顕著だとか、校舎が施工された年数、さらには子供が通える距離や交通の安全性など、隣接エリアの様子も含めて一枚絵で見渡せるのが学校ダッシュボードの良さである。

遺跡や水害履歴などの地理情報もひと目でわかり、縮尺を大小すれば道1本から区の全体像までが見通せる。

グラフを中心とした数値データに軸足を置くダッシュボードもいいが、学校や公共施設整備については視覚情報に軸足を置くのが望ましい。

学校、特に自分自身が学んだ母校に関しては、誰しも思いが強い。それゆえに何事も新しい取り組みには躊躇したり、抵抗を感じる人も少なくないだろう。しかし、そうした地元住民の「強い愛情」を潰してしまっては、特に新しい施策は理解されにくい。

かつての思い出も、現在学んでいる子供たちへの充実も、将来の教育環境も、全部並べて考える。それでこそ公共施設の整備計画は前に進んでいくのだ。

そして、教育に関する政策を検討する上では、もう一つ大事なことがある。

子供の興味関心は、大人には到底理解できない。

大人が良いと思った政策でも、いざ始めてみると、

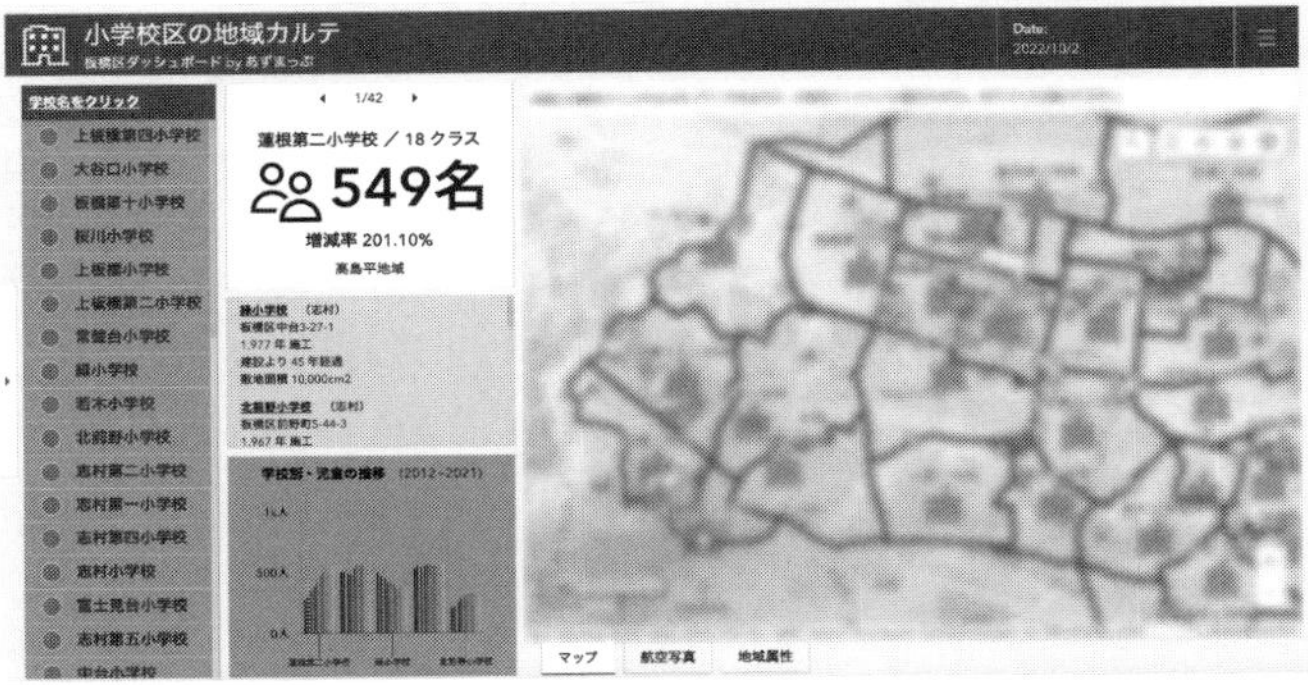

自身で作成した「学校ダッシュボード」

子供たちに見向きもされないことがある。だから私は、大人の価値観を子供に押しつけたくない。

子供視点の政策を考える際に気をつけたいのは、第一に子供の興味関心を尊重すること。こうあるべき、こうあってほしいという大人の視点を押しつけるのではなく、知識欲を刺激するものを提供し、自ら選択したものについて深められる環境を整えることだ。

彼らはきっと新しい何かを発見してくる。

子供に必要な地図は、子供自身が作るのに勝るものはない。

政策④ 医療【近くて遠い分野を繋げる】

摂食嚥下

医療分野においても、地図は活用できる。

私が「摂食嚥下関連医療資源マップ」を作ったきっかけは、東京医科歯科大学教授の戸原玄氏との出会いだった。

食べ物を口に入れる、噛む、ゴックンする――。

この機能に障害を抱えた患者さんへのプログラムに携わっている戸原先生いわく、摂食嚥下の世界はかなり複雑であるそうだ。

なぜなら歯科の観点からすると口腔外科の問題であり、また医科の問題でもあり、ほかにも介護や看護など実にさまざまな要素が絡んでいるからだ。

例えば医科では、患者が食事を噛めなくなった場合、口から摂る代わりに胃に小さな穴をあけて管を通す

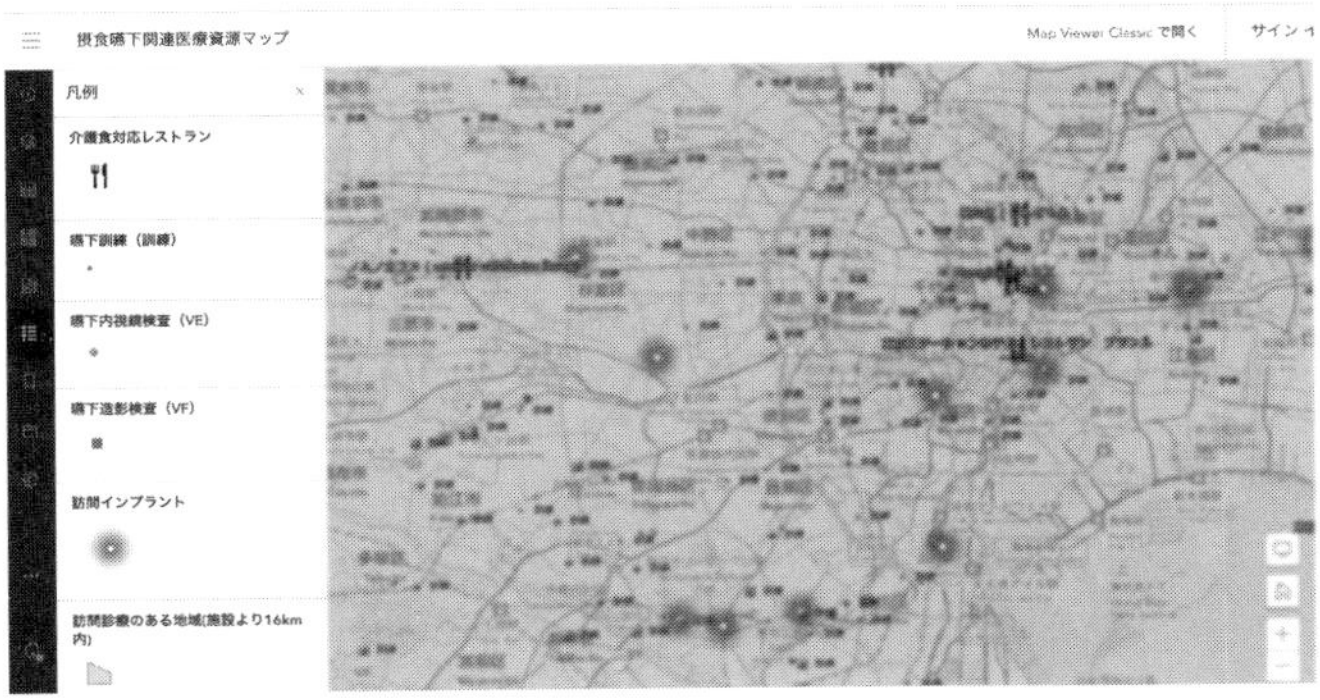

摂食嚥下関連医療資源マップ

「胃ろう」で栄養吸収を図ろうとする（もちろんすべてのケースではないが）。

一方、歯科では、歯や顎《あご》で噛むこと自体を改善しようとする。

介護や看護をする人は、食事が喉につかえないようにフードプロセッサーにかけて軟らかくしたりする。

それぞれが独自のアプローチで摂食嚥下の問題に向き合っており、分野をまたぐ相互的な協力関係は築かれてこなかったそうだ。


まさに、近くて遠い医科と歯科と介護と看護。

私はこの分野の素人でもあり、込み入った事情は計りきれない。本来密接であるべきものが、社会的ルールによって飛び越えることが難しくなっているのだろうか。

だが、患者の立場で考えてみれば、分野の違いなど関係ない。

医科も歯科も介護も看護もすべてひとくくりにできるのは、地図ではないかと、戸原先生に相談され、では私にできることならば協力させてくださいと事が進んだ。

そうして作り始めたのが「摂食嚥下関連医療資源マップ」である。

患者の視点では、近所でどんな診療を受けられるか、その施設までの距離はどうか、マップを見ればすぐにわかる。表形式のリスト一覧では、１軒１軒わざわざ住所から位置を確かめる必要があるが、マップならばその手間がかからない。

施設から半径16キロメートル圏内でなければ歯科の訪問診療はできないらしいのだが、ならば施設ごとに半径16キロメートルの円を描いておけばよい。

情報を地図上にひとまとめにすることで、用意された選択肢が浮かび上がり、本人や支える家族自身の意思で、どんなケアを選択するのかが決めやすくなる。

さらにマップには、診療だけでなく、あらためて食べる喜びを感じてもらえる機会となるよう、嚥下食を提供する飲食店も示している。これは利用者にも非常に喜ばれた。

摂食嚥下の患者がいる家族は外食が難しい。「みんなで外食でも」となっても、通常の食事と嚥下食を共に提供する飲食店を探すのは至難の業だからだ。

ここ最近は更新を止めており申し訳ないと思いつつ、摂食嚥下関連医療資源の取り組みは今でもテレビで取材されているようで嬉しい。

かつてマンチェスターの大学で、物理学と宗教学の権威が宇宙について論じ合い、異分野同士が共通の解にたどり着いた話を紹介したが、摂食嚥下の問題も同じで、それぞれ互いに異なる分野を一枚絵として眺めたとき、患者の視点という大局から物事を見渡せる。これが地図の魅力なのだ。

政策⑤ 選挙【暮らしの未来】

異なる立場の価値観に寄り添う

自分が見ている相手を知ること。
相手が見ている自分を知ること。

5章で「俯瞰とあおり」の思考について述べたが、選挙もまた同様だ。
有権者と候補者。互いに異なる立場だが、己れの視点から離れ、もう一方の価値観に寄り添ってみる。すると、選挙における永遠のテーマともいえる「有権者と候補者の相互理解」の実体が透けて見えてくる。

実はこれまで、数多くの都内各選挙における候補者の支援をしてきた。規模の大小を問わず、遊説から、政策立案、キャッチフレーズの考案、広報として写真動画の撮影、ホームページ作成からビラチラシのデザインに至るまで、なんでもやった。特に、2013年にインターネットを使った選挙活動が解禁されて以降は、SNSでの発信に関する相談が多い。

各種選挙の応援に入るにあたり、大抵は直前になって「助けて！」とお声がかかるのだが、早ければ1年～半年前から選対の準備をする。

何を隠そう、私自身が4年に一度「候補者」となっていることもあり、候補者、選対、有権者、それぞれの視点をもって臨み、常に各地現場で叩き上げられ、鍛え抜いていただいている。

ここでは、国政選挙における「視点」について見てみる。

候補者になるつもりもないし、関心なんてないよ、という方もいると思うが、選ばれる立場と選ぶ立場として考えると、普段の生活にも置き換えられることがあると思う。また、あまり表に出ない選挙の裏側の話としても楽しんでもらえるはずだ。

有権者の思い「世論」

日常に聞こえてくる声は氷山の一角で、大半はサイレントマジョリティとして姿を潜めている。言うなれば、世論とは『旧約聖書』に登場する、海底に眠る聖獣・リヴァイアサンの如き生き物だ。

情勢調査をかけて深海に潜む姿を探る。あるいはメディアという電波のソナーで影響を与える。それによって窺い知ることはできるが、全貌はなかなか掴めない。

選挙の現場でいつもそう感じている。

候補者は、有権者が「誰に投票するか」というのを当然意識しているわけだが、「なぜその人物に投票するのか」までは意外と見えていない。

有権者の投票行動を分析しなければ、候補者に求められているものが何か掴めない。逆を言えば、世論と投票行動を徹底して分析すれば、理論上は票をより得られる。

これがいわゆる選挙マーケティングというもので、これを生業とした選挙コンサルティング業という職種もある。

私は自由民主党東京都連の広報担当として当事者に近い立場であり、コンサルティング業者ではない。しかし、やはり地図をベースにして選挙マーケティングをおこなう。

普段は海底に眠っている有権者の声は、選挙というタイミングになると一斉に海上に噴き上がってくる。

この機会を逃してはならない。できる限り多くの声と思いを直接聞きとり、さまざまな情勢調査などでデータを集めて有権者のニーズをすくい上げ、選挙区ごとの有権者の関心（刺さるフレーズ）を見つけるのだ。

候補者の「理想の政治」

一度、選挙応援の現場で20代の男子学生ボランティアからこう聞かれた。
「坂本さん、有権者の声を聞いて、刺さるフレーズを並べて、それはもし勝ったとしても大衆迎合主義じゃないんですか?」と。

有権者の投票行動に基づき、耳触りの良い公約を掲げて投票を促すのは、果たして本来あるべき姿なのだろうか。

確かに、有権者のニーズを探っていくと、刺さる公約が浮かび上がる。
ただそれを捉えるのは、選挙に勝つためではなく、あくまで有権者を「知る」ためにある。
そして有権者の今を知らねば、候補者の思い描く「理想の地」までの道のりを示すことができない。

つまり、刺さるフレーズを見つけるのは、その言葉通りの看板を掲げるためではなく、自らがそのフレーズへのアンサーを示すためだ。

たとえば、２０２２年夏の参議院議員選挙。まだまだコロナ禍での選挙期間であり、コロナ対策や経済対策を訴える候補者が多かった。しかし独自の詳細な情勢調査をかけると、実は有権者の関心事はロシアのウクライナ侵攻による外交問題が中心で、テーマは日本の国防であった。

もしこのことを、心なき候補者が把握していたら、日本中の街頭で「日本の外交・防衛に問題がある！」と叫んでいただろう。

しかし、私が入っていた選対ではそうはしなかった。候補者にもそれは言わせなかった。大切なのは「外交・防衛が問題である」ことを訴えるのではなく、「問題ある外交・防衛についてどんな解決策を示すか」である。

私たちは、その手段は「海上保安庁の機能強化」にあるとした。

海に浮かぶ船に乗る、私たち日本人と日本の国防に対する課題を見つけ出し、具体的な策を掲げ、未来へのビジョンを示す。

このための羅針盤が、有権者と候補者を結ぶ選挙マーケティングなのだ。

現在地：有権者の声、世論
⬅
羅針盤：選挙マーケティング手法
⬅
羅針盤の示す向き：外交・防衛問題
⬅
さし示す光の道筋：解決策としての、海上保安庁の機能強化
⬅
目標地：日本の未来

単に選挙に勝つためのノウハウとして地図を活用し、自分の考えとは異なる公約を掲げて当選した候補者は、のちにそのギャップに苦しみ、支持者の理解を得られなくなってし

まうだろう。

政治家にとって当選はゴールではなくスタートである。大切なのはその後に何をするかだ。

怨念渦巻く選挙現場ではあるが、だからこそ候補者は徹底して有権者に対し、謙虚に、真摯に、そして純粋であってほしい。有権者は必ず嘘を見抜き、候補者の私欲は顔に出る。

エリアごとの政策ニーズ

もう少しローカルに、市区町村のレベル感で有権者と候補者の関係性を見てみよう。

有権者が求める政策をどのように見いだすのか。

私の場合は、「世代別ニーズ」と「エリア別ニーズ」を把握することから始まる。

世代別ニーズとは、有権者の年齢層と人口に焦点を当てたアプローチ。

つまり、どんな政策に関心を持っているか世代ごとに分析する、言ってみれば従来型の選挙活動だ。

たとえば、子育て世代には「教育」についての政策が刺さるだろうし、60代半ば以降だと「医療」が重要になってくる。

一方、私が重要視しているのはエリア別ニーズだ。

年齢層による世代別ニーズが横軸ならば、エリア別ニーズは縦軸といってよい。エリア別ニーズを探るときに有用なのが、前述した「地域カルテ」でもある。

私自身の選挙で実感しているのは、地域カルテのサイズ感で特徴を捉え、そこから導き出した政策をマイクで訴えかけると、道行く人々の反応が格段に良くなる。

ではなぜこれまでの選挙活動で、エリア別ニーズは重要視されなかったのか。

それはおそらく候補者が地域の特徴を的確に捉える術がなく、漠然としていたために、世代別ニーズしか体系的に取り扱えなかったからではないか。

加えて、私の言うエリア別ニーズは細かくて数も多く、地域カルテなどの土台がなければば管理把握と活用は難しい。

先程来、ちょいちょいと出てきているが、選挙前には情勢調査というものがおこなわれている。現在の選挙の情勢調査で一般的なのは、電話によるオートコール調査でランダムに尋ねるＲＤＤという手法である。

だが市区町村レベルの選挙への活用は正直厳しい。居住地の設問がたまにあるのだが、結果に思いのほか地域差はあらわれない。もしくは正確性に欠ける。

エリア設定は東京23区の場合、10万人規模もしくは5キロ平方メートルでなく、できれば1万人規模もしくは1キロ平方メートル以下での設定が望ましいし、設問も細かくしたい。

さらに言えば、エリア別だけでなく世代別の数値もまた、出てきた結果そのままで活用するのは難しい。

つまり、既存のオートコール調査は、人気調査程度の意味合いでしかない。

候補者側としての肌感覚は、しばしばオートコールの結果とずれる。そして投票結果もしかり、だ。

だが、これを元にして選挙戦に臨んできたのだから、有権者の声を正しく把握できたものであるはずがない。


では、ローカルにおける有権者の真の政策ニーズとはなんなのか。

有権者は、移動をしている。1日の中でいろいろな場所に行き、さまざまな感情をもつ。国政選挙と違ってローカルの選挙の政策ニーズとは、その日1日、日々の生活で生じる喜怒哀楽への対応の求めなのだ。


たとえば街中に立っていても、時間によって歩行者の層は変わる。

オフィスの多い場所では、ランチタイムに通りかかる会社員にタバコの話をする。吸う人も吸わない人も、限られた食後の休憩時間をなるべく快適に過ごせるよう分煙対策に力を入れたいと訴えれば多くの人が共感してくれる。

あるいは住宅街なら、家事をしている午前中の主婦に対しては地域の小学校が取り組んでいる教育プログラムの話をするし、夕飯の買い物時間帯には野菜の値段の話だ。高齢者の多い街の日中は、孫になったつもりで、半世紀前の地元の歴史や街の様子を語り合う。

5章で、私は朝の駅前街頭演説が苦手だと述べた。

相手の顔が見えないと、その方にとって大事なことが何であるか想像できなくて、何を話せばいいかわからなくなる。

朝からうるさいと、通る人は心を閉ざす。

なにより、私にとっては有権者を知ることが大事であり、だからこそ地域の特徴を的確に捉えておかなければならないのだ。

これまで選挙において重要なのは「知名度」だといわれていた。

しかし、今では「共感度」がなければ、有権者は心を開かない。

世代別ニーズだけで共感を得るのは難しい。

そこにエリア別ニーズが加わって初めて、さまざまな立場の有権者との間に共感が生まれる。

世代とエリア、横糸と縦糸が編み込まれていくのだ。

もし、2年後、5年後、10年後に向けて広げた未来が大風呂敷であっても、はた織り機で一織り一織りていねいに紡いでいく。それが政治家としてあるべき姿なのだと思っている。

おわりに

この本のタイトルは、最後まで非常に悩んだ。

我がことながら、この本は掴みどころがない。

トルコとイスラムの暮らしを語り、英国のサッカーから宗教を見たと思ったら、議員になって、大学院に行って地図を描いて、釣りをして選挙をしつつ、政策を語る。

随分と、多種多彩なレイヤーである。

地政学という学問がある。

国家間の争いや利権をその地理的位置関係から問う、国際関係学だ。

一方で、私がこの書で一貫して大切にしているのは、地政学の源となる地勢だ。

国家主権、国民主権と、人類社会が数世紀にわたり権力と闘い、安寧を獲得し、築き上げてきた民主主義の中心となる政治思想。

これに対し、日本人として示す〝国土主権〟こそ人類が次に進むべき新たな道であると、胸に秘めた20代。

国土のあられもない姿こそ地勢であり、気候風土であり、それが国柄になるのだと、そして人はそれを知るべきだと、私は今でもかたく信じている。

地勢を明らかにすることで、治世の道筋が開くのだ。


2007年に初めて選挙に挑戦する際、私は自身のホームページにこう掲げた。


国政、都政、区政、家政。

日本の国柄とは、豊かな四季ある気候風土と山河の地勢に基づくもので、そこに日本人の生き方と伝統文化が表れる。

国、都、区、家には、それぞれの色柄や土地柄の政治があり、それぞれの役割と使命をもって展開していく。

進む開発、増える建物、残る緑、降る雨にもコンクリートにも暗渠《あんきょ》の川にも板橋の地勢はおどり、区政は展開する。その中で、大雨、地震、教育、福祉。いかに幸せを守り、そして増やすか。

これが私の持論だ。


国柄も、人柄も、どちらも目に見えるものではない。

それこそ「何となく」なもの。

この「何となくを見える化する」という私のライフワークは道半ばで、未だその実態を掴みきれたことがない。

地勢はどこまでも深く、広い。


しかし、どうだろう。

初めて訪れた街なのに、どことなく懐かしく感じることがある。

初めて出会った瞬間に、ビビビと感じひと目惚れをする人がいる。

何となくだけど、生まれた土地はどうしたって好きなのだ。

私が真に知りたい道は、この素直な感覚の中にあるのだと思うし、この感覚を大切にし続けたい。

本書を通じて、これまで私が歩んできた道のりや、地理情報科学の学びから得られた思考などをご紹介したが、皆さんが日常で抱える課題や疑問の解決に、ほんの少しでも役立てていただければ幸いである。